"十四五"职业教育国家规划教材

RCNA-WLAN 配套教材

工业和信息化精品系列教材

网络技术

# 无线局域网

## 应用技术

### 微课版 | 第3版

黄君羡 | 编著　　正月十六工作室 | 组编

NETWORK

人民邮电出版社

北　京

图书在版编目（CIP）数据

无线局域网应用技术 ：微课版 / 黄君羡编著 ；正
月十六工作室组编. -- 3版. -- 北京 ：人民邮电出版社，
2024.1
工业和信息化精品系列教材. 网络技术
ISBN 978-7-115-62775-9

Ⅰ. ①无… Ⅱ. ①黄… ②正… Ⅲ. ①无线电通信－
局域网－高等职业教育－教材 Ⅳ. ①TN926

中国国家版本馆CIP数据核字(2023)第182818号

## 内 容 提 要

本书基于工作过程系统化思路设计，依托于锐捷网络在高校、酒店、医疗、轨道交通等场景的无线
项目案例，详细讲解无线网络项目建设的相关技术。本书共有 15 个项目，可分为无线网络的基础知识、
无线网络的勘测与设计、智能无线网络的部署、无线网络的管理与优化 4 个内容模块（见前言介绍）。

本书包含工程业务实施工具、场景化项目案例等内容，提供无线网络工程技术学习路径。相比传统
教材，本书内容新颖，可操作性强，简明易懂。本书内容涉及锐捷认证网络工程师-无线方向
（RCNA-WLAN）的知识点和工程业务实施的完整流程。通过学习本书的内容并进行项目实践，读者可
有效提升解决实际问题的能力，并积累无线网络的业务实战经验。

本书可作为锐捷认证网络工程师-无线方向（RCNA-WLAN）的培训教材，也可作为高等教育本、
专科院校计算机网络技术相关专业的教材，还可作为相关培训机构的参考用书。

◆ 编　著　黄君羡
　　组　编　正月十六工作室
　　责任编辑　范博涛
　　责任印制　王　郁　焦志炜
◆ 人民邮电出版社出版发行　　北京市丰台区成寿寺路 11 号
　　邮编　100164　电子邮件　315@ptpress.com.cn
　　网址　https://www.ptpress.com.cn
　　三河市兴达印务有限公司印刷
◆ 开本：787×1092　1/16
　　印张：14　　　　　　　　　2024 年 1 月第 3 版
　　字数：285 千字　　　　　　2025 年 1 月河北第 6 次印刷

定价：59.80 元
读者服务热线：(010)81055256　印装质量热线：(010)81055316
反盗版热线：(010)81055315
广告经营许可证：京东市监广登字 20170147 号

# 前　言

移动终端已经成为人们生活和工作中的必备工具，无线网络是移动终端接入网络的重要方式。全球已进入"移动互联时代"，超过 90% 的网民通过无线网络接入互联网，无线网络项目正以超过 100% 的年增长率持续建设，IEEE 新推出的 Wi-Fi7 标准可提供最大 30Gbit/s 的传输速率，能够轻松应对移动终端对元宇宙、8K 视频、直播等超高数据传输的应用需求，无线网络已成为移动终端重要的网络接入方式，高质量的无线覆盖已成为网络工程项目建设的重点。锐捷和华为等厂商均设立了无线技术认证体系，无线网络工程师已成为一个细分岗位。

本书围绕无线网络项目建设，针对无线网络地勘、工勘，以及设备安装与调试、管理与优化的工作任务要求，由浅入深地介绍教育、医疗、交通等行业的无线网络项目典型案例，还原企业实际项目的业务实施流程。本书将岗位任务所需知识和技能训练碎片化，并植入各个项目，读者可通过递进式学习（见图 1），掌握相关的知识和技能，以及无线网络配置与管理的业务实施流程。

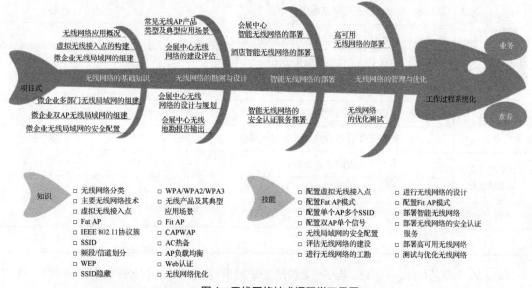

图 1　无线网络技术课程学习导图

本书在项目中设计了多个栏目，如"项目描述""项目相关知识""项目实践""项目拓展"等，读者可通过"项目描述"明确学习目标，通过"项目相关知识"掌握相关知识点，通过"项目实践"学习如何完成工作任务，通过"项目拓展"学会举一反三；部分项目还设计了"项目规划设计"和"项目验证"，更加强化项目化教学的效果，如图 2 所示。

在党的二十大精神指引下，本书结合课程特点，积极培育和践行社会主义核心价值观，彰显我国信息与通信技术（Information and

| 项目描述 | 明确学习目标 |
| --- | --- |
| 项目相关知识 | 掌握相关知识点 |
| 项目规划设计 | 规划项目，分解工作任务 |
| 项目实践 | 学习如何完成工作任务 |
| 项目验证 | 验证项目目标是否达成 |
| 项目拓展 | 学会举一反三 |

图 2　项目结构示意

Communication Technology，ICT）产业的先进文化，将家国情怀、科学精神、工匠精神融入教学中。

本书各项目的参考学时如表 1 所示。

表 1　参考学时表

| 内容模块 | 课程内容 | | 学时 |
|---|---|---|---|
| 无线网络的<br>基础知识 | 项目 1 | 无线网络应用概况 | 2～3 |
| | 项目 2 | 虚拟无线接入点的构建 | 2～3 |
| | 项目 3 | 微企业无线局域网的组建 | 2～3 |
| | 项目 4 | 微企业多部门无线局域网的组建 | 2～3 |
| | 项目 5 | 微企业双 AP 无线局域网的组建 | 2～3 |
| | 项目 6 | 微企业无线局域网的安全配置 | 2～3 |
| 无线网络的<br>勘测与设计 | 项目 7 | 常见无线 AP 产品类型及典型应用场景 | 2～3 |
| | 项目 8 | 会展中心无线网络的建设评估 | 2～3 |
| | 项目 9 | 会展中心无线网络的设计与规划 | 2～3 |
| | 项目 10 | 会展中心无线地勘报告输出 | 2～3 |
| 智能无线网络<br>的部署 | 项目 11 | 会展中心智能无线网络的部署 | 4～6 |
| | 项目 12 | 酒店智能无线网络的部署 | 3～4 |
| | 项目 13 | 智能无线网络的安全认证服务部署 | 3～4 |
| 无线网络的<br>管理与优化 | 项目 14 | 高可用无线网络的部署 | 4～6 |
| | 项目 15 | 无线网络的优化测试 | 4～6 |
| 课程考核 | 综合项目实训/课程考评 | | 6～8 |
| 学时总计 | | | 44～64 |

除以上 15 个项目外，本书还以电子资源的形式提供综合项目实训/课程考评，共 6～8 学时，内容包括大型无线网络项目 AP 规划与设计、大型网络项目脚本生成工具的操作指导。

本书由黄君羡编著，正月十六工作室组编。本书编写人员相关信息如表 2 所示。

表 2　本书编写人员相关信息

| 姓名 | 单位名称 |
|---|---|
| 黄君羡、刘伟聪、唐浩祥 | 广东交通职业技术学院 |
| 黎明、杨卓荣、汪双顶 | 锐捷网络股份有限公司 |
| 赵景 | 许昌职业技术学院 |
| 欧阳绪彬、卢金莲 | 正月十六工作室 |
| 曾振东、孙波 | 广东行政职业学院 |

续表

| 姓名 | 单位名称 |
|---|---|
| 张金荣 | 荔峰科技（广州）有限公司 |
| 任超 | 中锐网络股份有限公司 |

本书在编写过程中，借鉴了大量的网络技术资料，特别引用了锐捷网络股份有限公司和荔峰科技（广州）有限公司的大量项目案例，在此对这些资料的贡献者表示感谢。

由于编者水平有限，书中难免有不当之处，望广大读者批评指正，反馈渠道为微信公众号：正月十六工作室。

正月十六工作室

2023 年 12 月

# 目　录

# 项目 4

## 微企业多部门无线局域网的组建 ……………………………………………… 30

# 项目 5

## 微企业双 AP 无线局域网的组建 ……………………………………………… 40

# 项目 12

## 酒店智能无线网络的部署 ································· 151

# 项目 13

## 智能无线网络的安全认证服务部署 ··········· 166

# 项目1
# 无线网络应用概况

## 项目描述

扩展知识

　　某公司的网络管理员小蔡近期接到公司安排的任务，要求对公司周边的无线局域网应用概况进行调研。

　　小蔡接到任务后，考虑到手机上带有 Wi-Fi 的功能，计划在手机上安装"无线魔盒"应用程序（App），然后使用手机来进行调研。

## 项目相关知识

　　无线网络技术因具有可移动、使用方便等优点，越来越受到人们的欢迎。为了能够更好地掌握无线网络技术与相关产品，我们需要先了解相关的基础知识。

### 1.1　无线网络的概念

　　无线网络（Wireless Network）是采用无线通信技术实现的网络。无线网络既包括允许用户建立远距离无线连接的全球语音和数据网络，又包括使用对近距离无线连接进行优化的红外线（Infrared Radiation，IR）技术和射频（Radio Frequency，RF）技术实现的网络。无线网络与有线网络的用途十分类似，两者最大的不同在于传输媒介——无线网络利用无线信道取代网线。无线网络具有以下特点。

#### 1. 灵活性高

　　无线网络使用无线信号通信，网络接入更加灵活，只要在有信号的地方就可以随时随地将网络设备接入网络。

#### 2. 可扩展性强

　　无线网络对终端设备接入数量的限制少，可扩展性强。不同于有线网络一个接口对应一台设备，无线路由器允许多个无线终端设备同时接入无线网络，因此在网络规模升级时无线网络优势更加明显。

## 1.2 无线网络现状与发展趋势

无线网络摆脱了网线的束缚，人们可以在家里、户外、商城等任何一个角落，使用笔记本计算机、平板计算机、手机等移动设备，享受网络带来的便捷。据统计，目前我国网民数量约占全国人口的 76%，而通过无线网络上网的用户超过 90%。无线网络正改变着人们的工作、生活和学习方式，人们对无线网络的依赖越来越强。

我国将加快构建高速、移动、安全的新一代信息基础设施，推进信息网络技术广泛应用，形成万物互联、人机交互的网络空间，在城镇热点公共区域推广免费、高速的无线局域网（Wireless Local Area Network，WLAN）。目前，无线网络在机场、地铁站、客运站等公共交通场所和医疗机构、教育园区、产业园区、商城等公共区域实现了重点城市的全覆盖，下一阶段将实现城镇级别的公共区域全覆盖，无线网络规模将持续增长。

## 1.3 无线局域网的概念

无线局域网是指以无线信道作为传输媒介的计算机局域网。

计算机无线联网方式是有线联网方式的一种补充，它是在有线联网方式的基础上发展起来的，使联网的计算机具有可移动性，能快速、方便地解决有线联网方式不易实现的网络接入问题。

IEEE 802.11 协议簇是由电气电子工程师学会（Institute of Electrical and Electronics Engineers，IEEE）定义的无线网络通信的标准，无线局域网基于 IEEE 802.11 协议簇工作。

如果询问用户什么是 802.11 无线网络，他们可能会感到迷惑和不解，因为多数人习惯将这项技术称为"Wi-Fi"。Wi-Fi 是一个通俗叫法，世界各地的人们使用 Wi-Fi 作为 802.11 无线网络的代名词。

## 1.4 无线局域网的传输技术

无线网络占用频率资源，其起源可以追溯到 20 世纪 70 年代美国夏威夷大学的 ALOHANET 研究项目。然而真正促使其成为 21 世纪初发展最为迅速的技术之一的，则是 1997 年 IEEE 802.11 协议标准的颁布、Wi-Fi 联盟（Wireless Ethernet Compatibility Alliance，WECA）互操作性认证的发展等关键事件。

无线网络大多是基于 IEEE 802.11 标准的 Wi-Fi 无线网络。在 802.11ax 产品技术应用逐渐成为市场主流应用的当下，基于 Wi-Fi 技术的无线网络不但在带宽、覆盖范围等方面获得了极大提升，而且已成为市场主流无线网络。

目前，无线局域网主要采用 IEEE 802.11 系列技术标准。为了保持和有线网络同等级的接入速度，目前比较常用的 802.11ac 标准能够提供高达 6.9Gbit/s 的传输速率，802.11ax 标准则能提供 9.6Gbit/s 的传输速率，新推出的 801.11be 标准（Wi-Fi7）理论上可以提供高达 30Gbit/s 的传输速率。

## 1.5 无线局域网面临的主要挑战

### 1. 干扰

无线局域网设备工作在 2.4GHz 和 5GHz 频段，而这两个频段为工业、科学和医疗频带（Industrial Scientific and Medical band，ISM），且不需要授权即可使用，因此同一区域内的无线局域网设备之间会产生干扰。同时，工作在相同频段的其他设备，例如微波炉、蓝牙（Bluetooth）设备、无绳电话、双向寻呼系统等，也会对无线局域网设备的正常工作产生影响。

### 2. 电磁辐射

无线局域网设备的发射功率应满足安全标准，以减少对人体的伤害。

### 3. 数据安全性

在无线局域网中，数据在空中传输，需要充分考虑数据传输的安全性，并选择相应的加密方式。现代无线加密算法有弱加密算法、强加密算法等。

## 项目实践

### 任务 无线局域网应用概况的调研

#### 任务描述

本任务要求在手机上安装"无线魔盒"App，使用 App 对周边的无线网络进行测试，并对周边的无线信号进行分析。

#### 任务操作

（1）在"无线魔盒"官方网站下载并安装"无线魔盒"App。

（2）打开"无线魔盒"App，如图 1-1 所示。

图 1-1 打开"无线魔盒"App

✋ **任务验证**

切换到"魔盒"界面，可以看到当前连接的无线信号基本信息，包括信号强度（右上角的"-42 dBm"）、信道、速率等，如图 1-2 所示。

📝 **项目验证**

（1）在"魔盒"界面单击"看干扰"，进入"看干扰"界面，可以查看当前区域内各信道上无线信号的强度，如图 1-3 所示。以信道 6 为例，当前信道上有 17 个无线信号，其中信号最强的是"to-student_5G"。

（2）在"魔盒"界面单击"找 AP"，进入"找 AP"界面，可以看到当前区域内所有接入点（Access Point，AP）的基本信息，包括信号强度、信道等信息，如图 1-4 所示。以第一个 AP 为例，该 AP 的信号强度为"-26 dBm"，工作信道为"CH.13"。

图 1-2 "魔盒"界面

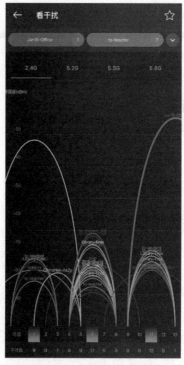

图 1-3 "看干扰"界面

图 1-4 "找 AP"界面

## 📝 项目拓展

（1）无线局域网工作的协议标准是（　　　　）。

    A．IEEE 802.3　　　　　　　　　B．IEEE 802.4

    C．IEEE 802.11　　　　　　　　D．IEEE 802.5

（2）无线局域网面临的主要挑战有（　　　　）。（多选）

    A．数据安全性　　　　　　　　　B．电磁辐射

    C．干扰　　　　　　　　　　　　D．传输速率

（3）以下不属于无线技术的是（　　　）。

    A．红外线技术　　B．蓝牙技术　　　C．光纤通道　　　D．IEEE 802.11ac

# 项目2
# 虚拟无线接入点的构建

02

扩展知识

 项目描述

　　某天公司的业务员打电话给网络管理员，说自己在与客户谈业务，需要把业务中谈到的资料发送给客户，但是现场没有网络并且没有 U 盘之类可以用来复制资料的设备，希望网络管理员帮忙想办法处理这个问题。

　　网络管理员经过了解，知道业务员和客户均带着笔记本计算机，考虑到笔记本计算机带有无线网卡，于是网络管理员决定让业务员使用笔记本计算机启用虚拟无线接入点的功能，从而完成业务员与客户的资料共享。

 项目相关知识

## 2.1 无线局域网频段

### 1. 2.4GHz 频段

　　当无线 AP 工作在 2.4GHz 频段的时候，其工作的频率范围（中国）是 2.402GHz～2.4835GHz。在此频率范围内又划分出 13 个信道，每个信道的中心频率相差 5MHz，每个信道可占用的带宽为 20MHz，各信道频率范围如图 2-1 所示。信道 1 的中心频率为 2.412GHz，信道 6 的中心频率为 2.437GHz，信道 11 的中心频率为 2.462GHz，这 3 个信道理论上是互不干扰的。

### 2. 5GHz 频段

　　当无线 AP 工作在 5GHz 频段的时候，其工作的频率范围（中国）是 5.1GHz～5.34GHz、5.705GHz～5.845GHz（IEEE 802.11ac 标准支持最高 160MHz 的带宽，此时在 36 信道，需要将频率范围扩展到 5.1GHz）。在此频率范围内划分出 13 个信道，各相邻信道的中心频率相差 20MHz，各信道频率范围如图 2-2 所示。

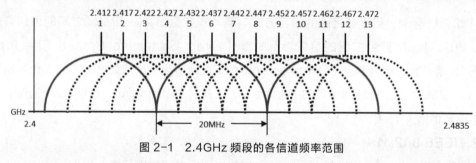

图 2-1　2.4GHz 频段的各信道频率范围

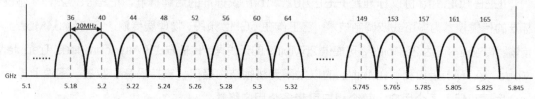

图 2-2　5GHz 频段的各信道频率范围

在 5GHz 频段以 5MHz 为梯度划分信道时，信道编号 $n$=[信道中心频率（GHz）−5（GHz）] × 1000/5。因此，5GHz 频段的信道编号分别为 36、40、44、48、52、56、60、64、149、153、157、161、165。5GHz 频段信道编号与中心频率见表 2-1。

表 2-1　5GHz 频段信道编号与中心频率

| 信道编号 | 中心频率/GHz |
| --- | --- |
| 36 | 5.18 |
| 40 | 5.2 |
| 44 | 5.22 |
| 48 | 5.24 |
| 52 | 5.26 |
| 56 | 5.28 |
| 60 | 5.3 |
| 64 | 5.32 |
| 149 | 5.745 |
| 153 | 5.765 |
| 157 | 5.785 |
| 161 | 5.805 |
| 165 | 5.825 |

## 2.2　无线局域网协议标准

IEEE 802.11 是现今无线局域网通用的协议标准，它包含多个子协议标准，下面介绍常见的几个子协议标准。

### 1. IEEE 802.11b

IEEE 802.11b 协议标准运作模式分为两种：点对点模式和基本模式。点对点模式是指终端（如无线网卡）和终端之间的通信方式，基本模式是指 AP 和终端之间的通信方式。IEEE 802.11b 可提供扩展的直接序列扩频（Direct Sequence Spread Spectrum，DSSS），用标准的补码键控（Complementary Code Keying，CCK）调制，传输速率为1Mbit/s、2Mbit/s、5.5Mbit/s 和 11Mbit/s，工作在 2.4GHz 频段，支持 13 个信道，包括3 个不重叠信道（1、6、11）。

### 2. IEEE 802.11a

IEEE 802.11a 协议标准是 IEEE 802.11b 协议标准的后续标准。IEEE 802.11a 协议标准的传输技术为多路载波调制技术。它工作在 5GHz 频段，物理层传输速率可达 54Mbit/s，传输层传输速率可达 25Mbit/s，可提供 25Mbit/s 的无线异步传输方式（Asynchronous Transfer Mode，ATM）接口和 10Mbit/s 的以太网无线帧结构接口；支持语音、数据、图像业务；一个扇区可接入多个用户，每个用户可带多个用户终端。

### 3. IEEE 802.11g

IEEE 802.11 工作组于 2003 年定义了新的物理层协议标准 IEEE 802.11g。与以前的IEEE 802.11 协议标准相比，IEEE 802.11g 协议标准有以下特点：在 2.4GHz 频段使用正交频分复用（Orthogonal Frequency Division Multiplexing，OFDM）调制技术，使物理层传输速率达到 54Mbit/s，传输层传输速率提高到 20Mbit/s 以上。

### 4. IEEE 802.11n

IEEE 802.11n 协议标准是在 IEEE 802.11a 协议标准和 IEEE 802.11g 协议标准的基础上发展起来的新协议标准，其最大的特点是提升了传输速率，理论传输速率最高可达 600Mbit/s。IEEE 802.11n 可工作在 2.4GHz 和 5GHz 两个频段，可向下兼容 IEEE 802.11a/b/g。

### 5. IEEE 802.11ac

IEEE 802.11ac 协议标准是 IEEE 802.11n 协议标准的"继承者"，它采用并扩展了源自 IEEE 802.11n 协议标准的空中接口（Air Interface）概念，具有更宽的射频带宽（提升至 160MHz）、更多的多输入多输出（Multiple-Input Multiple-Output，MIMO）空间流（Spatial Stream）（增加到 8）、多用户的 MIMO，以及更高阶的调制（Modulation），可达到 256QAM（Quadrature Amplitude Modulation，正交振幅调制）。

### 6. IEEE 802.11ax（Wi-Fi 6）

IEEE 802.11ax 协议标准，也称为高效无线（High-Efficiency Wireless，HEW）网络标准。它通过一系列系统特性和多种机制增加系统容量，通过更好的一致覆盖和减少空口介质拥塞来改善无线网络的工作方式，使用户获得最佳体验。尤其在用户密集的环境中，其可为更多的用户提供一致且可靠的数据吞吐量，其目标是将用户的平均吞吐量至少提高到原来的 4 倍。也就是说基于 IEEE 802.11ax 协议标准的无线网络意味着出色的高容量和高效率。

IEEE 802.11ax 协议标准在物理层引入了多项变更。然而，它依旧可向下兼容 IEEE 802.11a/b/g/n/ac 协议标准。正因如此，IEEE 802.11ax 终端（Station，简称 STA）能与

IEEE 802.11a/b/g/n/ac 设备进行数据传送和接收，IEEE 802.11a/b/g/n/ac 设备也能解调和译码 IEEE 802.11ax 封包表头，并在与 IEEE 802.11ax 终端传输期间进行轮询。

当前的 IEEE 802.11 协议标准都工作在 2.4GHz 和 5GHz 两个频段，由于这两个频段都难以提供足够的新频段资源，导致 Wi-Fi6 的新特性和机制难以充分发挥性能。因此，Wi-Fi 6 Extended（Wi-Fi6E）提出了新的解决方案，将频段扩展到 6GHz。使用了新的频段意味着，如果要充分发挥 Wi-Fi6E 的性能，无线设备和终端都需要更新以支持 6GHz。但由于各个国家和地区对 6GHz 开放的时间不确定，Wi-Fi6E 需要很长时间才能普及。

### 7. IEEE 802.11be（Wi-Fi7）

IEEE 802.11be 协议标准，也称为超高吞吐量（Extremely High Throughput，EHT）标准，于 2023 年推出，它在 Wi-Fi6E 的基础上改进而来，同样支持 6GHz 频段，支持多资源单元（Multi Resource Unit，MRU）、多链路（Multi-Link）等技术，进一步提升吞吐率，理论上速率可达到 30Gbit/s。

IEEE 802.11 协议标准的频段和物理层最大传输速率见表 2-2。

表 2-2　IEEE 802.11 协议标准的频段和物理层最大传输速率

| 协议标准 | 兼容性 | 频段 | 物理层最大传输速率 |
|---|---|---|---|
| IEEE 802.11b | — | 2.4GHz | 11Mbit/s |
| IEEE 802.11a | — | 5GHz | 54Mbit/s |
| IEEE 802.11g | 兼容 IEEE 802.11b | 2.4GHz | 54Mbit/s |
| IEEE 802.11n | 兼容 IEEE 802.11a/b/g | 2.4GHz 或 5GHz | 600Mbit/s |
| IEEE 802.11ac | 兼容 IEEE 802.11a/n | 5GHz | 6.9Gbit/s |
| IEEE 802.11ax | 兼容 IEEE 802.11a/b/g/n/ac | 2.4GHz、5GHz、6GHz（Wi-Fi6E） | 9.6Gbit/s |
| IEEE 802.11be | 兼容 IEEE 802.11a/b/g/n/ac/ax | 2.4GHz、5GHz、6GHz | 30Gbit/s |

## 2.3　虚拟无线接入点

虚拟无线接入点是指将网络中的一台计算机主机虚拟成无线路由器，并释放出无线接入点，而其他计算机直接通过这个无线接入点进行网络互联，最终实现文件共享、相互通信等功能。虚拟无线接入点网络拓扑如图 2-3 所示。

## 2.4　简单 FTP Server 与 WirelessMon

"简单 FTP Server"软件是一款用于提供文件传输协议（File

图 2-3　虚拟无线接入点网络拓扑

Transfer Protocol，FTP）服务的软件。该软件使用简单，无须安装，只需要设置"用户""密码""权限""共享目录"等信息。设置完毕后，单击"启动"按钮，FTP服务即可运行。"简单FTP Server"软件服务配置界面如图2-4所示。

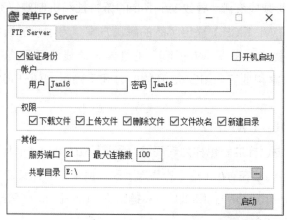

图2-4 "简单FTP Server"软件服务配置界面

"WirelessMon"软件是一款无线网络检测工具，允许用户监控Wi-Fi适配器（无线网卡）的状态，并实时收集有关附近无线AP和热点的信息。该软件可以将其收集的信息记录到文件中，并可全方位进行展示，包括信号强度等信息。"WirelessMon Professional"软件界面如图2-5所示。

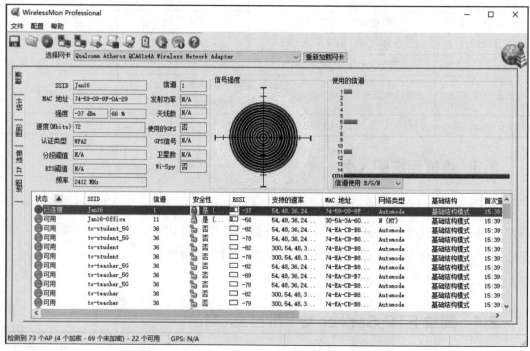

图2-5 "WirelessMon Professional"软件界面

## 项目规划设计

### 项目拓扑

在本项目中，使用两台带有无线网卡的测试主机组建虚拟无线接入点网络，其拓扑如图 2-6 所示。其中 PC1 创建并释放热点，PC2 则添加 PC1 释放的热点信息进行关联，关联完成后通过"简单 FTP Server"软件测试是否可以实现点到点的连接和文件共享。

PC1：
192.168.137.1/24

PC2：
DHCP自动获取

图 2-6　虚拟无线接入点网络拓扑

### 项目规划

根据图 2-6 进行项目的业务规划，具体的设备互联网协议（Internet Protocol，IP）地址规划和操作系统版本见表 2-3。

表 2-3　IP 地址规划及操作系统版本

| 设备名称 | IP 地址 | 操作系统版本 |
| --- | --- | --- |
| PC1 | 192.168.137.1/24（默认） | Windows 10 |
| PC2 | DHCP 自动获取 | Windows 10 |

## 项目实践

### 任务　虚拟无线接入点的配置

微课视频

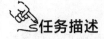任务描述

将客户与业务员的笔记本计算机启动，正确安装网卡驱动程序，完成基础配置和加密配置，具体涉及以下工作任务。

（1）PC1（业务员笔记本计算机）使用命令提示符窗口创建虚拟无线接入点。

（2）PC2（客户笔记本计算机）搜索无线网络信号并连接到虚拟无线接入点。

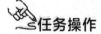任务操作

### 1. PC1 使用命令提示符窗口创建虚拟无线接入点

（1）在 PC1 桌面的"开始"按钮上单击鼠标右键，在弹出的快捷菜单中选择"命令提示符（管理员）"命令，如图 2-7 所示。

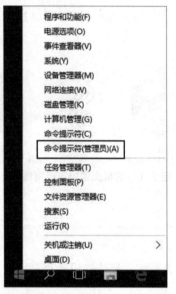

图 2-7 选择"命令提示符（管理员）"命令

（2）打开"管理员：命令提示符"窗口，输入"netsh wlan set hostednetwork mode=allow ssid=Jan16 key=password"命令创建虚拟无线接入点网络，如图 2-8 所示。

图 2-8 创建虚拟无线接入点网络

（3）在"管理员：命令提示符"窗口输入"netsh wlan start hostednetwork"命令，开启虚拟无线接入点网络，如图 2-9 所示。

图 2-9　开启虚拟无线接入点网络

### 2．PC2 搜索无线网络信号并连接到虚拟无线接入点网络

在 PC2 桌面上单击任务栏通知区域的网络连接按钮，在打开的网络列表中搜索并连接到"Jan16"，输入网络安全密钥，如图 2-10 所示。

图 2-10　搜索并连接到虚拟无线接入点网络

## 任务验证

在 PC2 上按【Windows+R】组合键，弹出"运行"对话框，在对话框中输入"cmd"，单击"确定"按钮，打开"命令提示符"窗口，使用"ping 192.168.137.1"命令测试 PC2 与 PC1 的连通性，如图 2-11 所示。

图 2-11　测试 PC2 与 PC1 的连通性

## 项目验证

微课视频

（1）在 PC1 上安装并打开"简单 FTP Server"软件，在软件服务配置界面中逐项输入"验证身份""权限""其他"等配置信息，如图 2-4 所示。确认无误后单击"启动"按钮即可运行 FTP 服务。

（2）在 PC2 的文件资源管理器的地址栏中输入"ftp://192.168.137.1"，按【Enter】键确认后即可进入 PC1 的共享目录，如图 2-12 所示。

图 2-12　进入 PC1 的共享目录

（3）安装并打开"WirelessMon Professional"软件，查看无线网络信号的 SSID（Service Set Identifier，服务集标识符）、频率、信道和信号强度，如图 2-5 所示。

## 项目拓展

（1）以下协议标准工作在 5GHz 频段的是（　　　）。

A．IEEE 802.11a　　　　　　B．IEEE 802.11b

C．IEEE 802.11g　　　　　　D．以上都不是

（2）IEEE 802.11b 一定不会被（　　　）干扰。

A．IEEE 802.11a　　　　　　B．IEEE 802.11g

C．IEEE 802.11n　　　　　　D．蓝牙

（3）国内可以使用 2.4GHz 频段的信道有（　　　）个。

A．3　　　　B．5　　　　C．13　　　　D．14

（4）国内可以使用 5GHz 频段的信道有（　　　）个。

A．3　　　　B．5　　　　C．13　　　　D．14

# 项目3
# 微企业无线局域网的组建

**03**

## 项目描述

扩展知识

　　随着某公司业务的发展以及办公人员数量的增加，越来越多的员工开始使用笔记本计算机进行办公，但是公司原有的网络只进行了有线网络部署，无法满足员工的移动办公需求。鉴于此，公司购买了一台企业级 AP，对公司办公室进行无线网络覆盖，以满足公司 20 余人移动办公网络接入的需求。

## 项目相关知识

### 3.1　无线设备的天线类型

#### 1. 全向天线

　　全向天线在水平方向信号辐射图上表现为 360° 都均匀辐射，也就是平常所说的无方向性；在垂直方向信号辐射图上表现为有一定宽度的波束，一般情况下波瓣宽度越小，增益越大，如图 3-1 所示。全向天线在移动通信系统中一般应用于郊县大区制的站型，覆盖范围大。

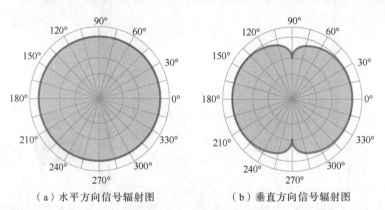

（a）水平方向信号辐射图　　　　　（b）垂直方向信号辐射图

图 3-1　全向天线信号辐射图

### 2．定向天线

定向天线在信号辐射图上表现为在一定角度范围内辐射，如图 3-2 所示，也就是平常所说的有方向性。它和全向天线一样，波瓣宽度越小，增益越大。定向天线在通信系统中一般应用于通信距离远、覆盖范围小、目标密度大、频率利用率高的环境。定向天线的主要辐射范围像一个倒立的不太完整的圆锥。

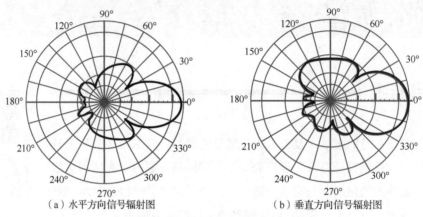

（a）水平方向信号辐射图　　　　　　（b）垂直方向信号辐射图

图 3-2　定向天线信号辐射图

### 3．室内吸顶天线

室内吸顶天线外观如图 3-3 所示，其外观小巧，适合吊顶安装。室内吸顶天线通常是全向天线，其功率较低。

### 4．室外全向天线

2.4GHz 和 5GHz 室外全向天线外观分别如图 3-4 和图 3-5 所示，参考参数分别见表 3-1 和表 3-2。

图 3-3　室内吸顶天线外观

图 3-4　2.4GHz 室外全向天线外观

图 3-5　5GHz 室外全向天线外观

表 3-1　2.4GHz 室外全向天线参考参数

| 参数 | 取值 |
| --- | --- |
| 频率范围 | 2400MHz～2483MHz |
| 增益 | 12dBi |
| 垂直面波瓣宽度 | 7° |
| 驻波比 | <1.5 |
| 极化方式 | 垂直 |
| 接头型号 | N-K |
| 支撑杆直径 | 40mm～50mm |

表 3-2　5GHz 室外全向天线参考参数

| 参数 | 取值 |
| --- | --- |
| 频率范围 | 5100MHz～5850MHz |
| 增益 | 12dBi |
| 垂直面波瓣宽度 | 7° |
| 驻波比 | <2.0 |
| 极化方式 | 垂直 |
| 接头型号 | N-K |
| 支撑杆直径 | 40mm～50mm |

**5．抛物面天线**

由抛物面反射器和位于其焦点处的馈源组成的面状天线称为抛物面天线。抛物面天线的主要优势是具有强方向性。它类似于探照灯或手电筒的反射器，可向一个特定的方向汇聚无线电波形成狭窄的波束，或从一个特定的方向接收无线电波。5GHz 和 2.4GHz 室外抛物面天线外观分别如图 3-6 和图 3-7 所示，参考参数分别见表 3-3 和表 3-4。

图 3-6　5GHz 室外抛物面天线外观

图 3-7　2.4GHz 室外抛物面天线外观

表 3-3　　5GHz 室外抛物面天线参考参数

| 参数 | 取值 |
| --- | --- |
| 频率范围 | 5725MHz～5850MHz |
| 增益 | 24dBi |
| 垂直面波瓣宽度 | 12° |
| 水平面波瓣宽度 | 9° |
| 前后比 | 20 |
| 驻波比 | <1.5 |
| 极化方式 | 垂直 |
| 接头型号 | N-K |
| 支撑杆直径 | 40mm～50mm |

表 3-4　　2.4GHz 室外抛物面天线参考参数

| 参数 | 取值 |
| --- | --- |
| 频率范围 | 2400MHz～2483MHz |
| 增益 | 24dBi |
| 垂直面波瓣宽度 | 14° |
| 水平面波瓣宽度 | 10° |
| 前后比 | 31 |
| 驻波比 | <1.5 |
| 极化方式 | 垂直 |
| 接头型号 | N-K |
| 支撑杆直径 | 40mm～50mm |

## 3.2　无线信号的传输质量

### 1. 无线信号与距离的关系

如果无线信号与用户之间的距离越来越远，那么无线信号强度会越来越弱，可以根据用户需求调整无线设备。

### 2. 干扰源主要类型

无线信号干扰源主要是无线设备间的同频干扰，例如蓝牙设备和无线 2.4GHz 频段设备。

### 3. 无线信号的传输方式

AP 的无线信号传输主要通过两种方式，即辐射和传导。AP 无线信号辐射是指 AP 的无线信号通过天线传递到空气中，例如外置天线 AP 的无线信号直接通过 6 根天线传输，如图 3-8 所示。

图 3-8　外置天线 AP

AP 无线信号传导是指无线信号在线缆等介质内进行信号传递。在图 3-9 所示的室分系统中，无线 AP 和天线间通过同轴电缆连接，从天线接收的无线信号将通过电缆传导到 AP。

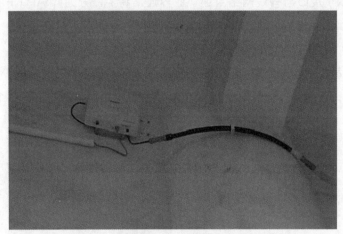

图 3-9　室分系统中的无线 AP 和同轴电缆

## 3.3　无线局域网的功率单位

在无线局域网中，经常使用的功率单位是 dBm（分贝毫瓦），而不是 W（瓦）或者 mW（毫瓦）。

dB（分贝）用于表示相对值，是一个纯计数单位。当需要表示功率 $A$ 比功率 $B$ 大或者小多少（设为 $n$，$n$ 以 dB 为单位）时，可以按公式 $n=10\lg(A/B)$ 计算。例如，功率 $A$ 比功率 $B$ 大一倍，那么 $n=10\lg(A/B)=10\lg2≈3$dB。也就是说，功率 $A$ 比功率 $B$ 约大 3dB。

dBm 是功率的单位，将以 mW 为单位的功率 $P$ 换算为以 dBm 为单位的功率 $x$ 的计算公式为：$x=10\lg P$。

为什么要用dBm来描述功率呢？原因是dBm能把一个很大或者很小的数比较简短地表示出来，例如：

$P$=1000000000000000mW，$x$=10lg$P$=150dBm

$P$=0.000000000000001mW，$x$=10lg$P$=-150dBm

**例1**：如果发射功率为 1mW，折算后为 10lg1=0dBm。

**例2**：对于 40W 的功率，折算后为 10lg(40×1000)=10lg(4×10$^4$)=10lg4+10lg(10$^4$)=10lg4+40≈46dBm。

## 3.4　Fat AP 概述

### 1. AP

AP 是 WLAN 中的重要组成部分，其工作机制类似有线网络中的集线器（Hub）。无线终端可以通过 AP 进行终端之间的数据传输，也可以通过 AP 的广域网（Wide Area Network，WAN）接口与有线网络互通。业界通常将 AP 分为胖 AP（Fat AP）和瘦 AP（Fit AP）。

### 2. Fat AP

针对小型公司、小型办公室、家庭等无线覆盖场景，Fat AP 仅需要少量的 AP 即可实现无线网络覆盖，目前被广泛使用和熟知的产品就是无线路由器，如图 3-10 所示。

图 3-10　办公室或家庭使用的无线路由器

### 3. Fat AP 的特点

Fat AP 的特点是将 WLAN 的物理层、用户数据加密、用户认证、服务质量（Quality of Service，QoS）、网络管理、漫游以及其他应用层的功能集成在一起，为用户提供极简的无线接入体验。在项目 3～项目 6 的应用场景中，我们将学习 Fat AP 的配置与管理（如 AP

命名、SSID 配置等 )、天线配置（如 2.4GHz 和 5GHz 的工作信道和功率 )、安全配置（如黑白名单、用户认证等 )。Fat AP 的基本结构如图 3-11 所示。

图 3-11　Fat AP 的基本结构

市场上的大部分 Fat AP 产品都提供极简的用户界面（User Interface，UI），用户只需在浏览器上按向导进行配置，即可实现办公室、家庭等场景的无线网络部署。

### 4．Fat AP 的网络组建

在无线网络中，AP 通过有线网络接入互联网，每个 AP 都是一个单独的节点，需要独立配置其信道、功率、安全策略等。Fat AP 组网常见的应用场景有家庭无线网络、办公室无线网络等，其典型拓扑如图 3-12 所示。

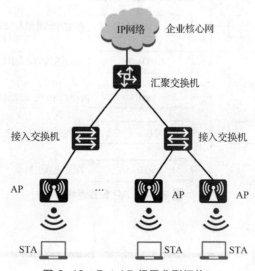

图 3-12　Fat AP 组网典型拓扑

## 3.5　AP 的配置步骤

AP 的配置主要涉及有线部分和无线部分。

### 1．有线部分的配置

（1）创建业务 VLAN（Virtual Local Area Network，虚拟局域网），STA 接入 WLAN

后从该 VLAN 关联的 DHCP（Dynamic Host Configuration Protocol，动态主机配置协议）地址池中获取 IP 地址。

（2）配置 VLAN 的 IP 地址，用户可以通过 IP 地址对 AP 进行远程管理。

（3）配置 AP 端口（ETH/GE）为上联端口，通过封装相应的 VLAN 使这些 VLAN 中的数据可以通过端口转发到上联设备。

**2．无线部分的配置**

（1）创建 WLAN，配置 SSID。用户可以通过搜索 SSID 加入相应的 WLAN。

（2）创建 WLAN 安全（简称 WLANSec），为 WLAN 接入配置加密。WLAN 加密后，用户需要输入预共享密钥才能加入 WLAN。WLAN 安全为选配项，若不进行配置，则为开放式网络。

（3）配置无线射频卡（Dot11radio），AP 的无线射频卡必须关联 WLAN 和 VLAN 才能开始工作并放射出对应 WLAN 的 SSID。然后，AP 开始对外提供无线接入服务，用户关联到 SSID 后会通过关联的 VLAN 获取 IP 地址。

AP 配置逻辑如图 3-13 所示。

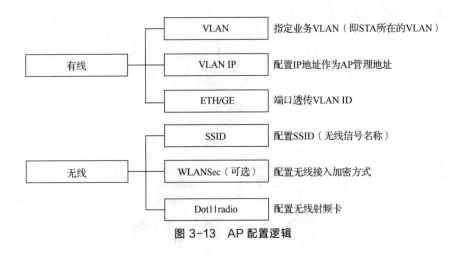

图 3-13　AP 配置逻辑

# 项目规划设计

## 项目拓扑

公司原有网络是通过 DHCP 管理客户端 IP 地址的，网关和 DHCP 地址池都放置于交换机（Switch，简称 SW）中。因 IP 地址需统一管理，公司网络管理员需要将无线用户的网关和 DHCP 地址池配置在交换机上。微企业无线局域网网络拓扑如图 3-14 所示。

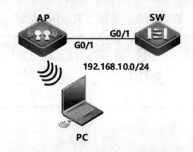

图 3-14　微企业无线局域网网络拓扑

## 项目规划

根据图 3-14 进行项目的业务规划。项目 3 的 VLAN 规划、设备管理规划、端口互联规划、IP 地址规划、WLAN 规划、Radio 规划见表 3-5～表 3-10。

表 3-5　项目 3 VLAN 规划

| VLAN | VLAN 命名 | 网段 | 用途 |
|---|---|---|---|
| VLAN 10 | USER | 192.168.10.0/24 | 无线用户网段 |

表 3-6　项目 3 设备管理规划

| 设备类型 | 型号 | 设备命名 | 用户名 | 密码 | 特权密码 |
|---|---|---|---|---|---|
| 无线接入点 | AP720 | AP | admin | Jan16 | Jan16 |
| 交换机 | S5750 | SW | admin | Jan16 | Jan16 |

表 3-7　项目 3 端口互联规划

| 本端设备 | 本端端口 | 端口配置 | 对端设备 | 对端端口 |
|---|---|---|---|---|
| AP | G0/1 | access vlan 10 | SW | G0/1 |
| SW | G0/1 | access vlan 10 | AP | G0/1 |

表 3-8　项目 3 IP 地址规划

| 设备 | VLAN | IP 地址 | 用途 |
|---|---|---|---|
| SW | VLAN 10 | 192.168.10.1/24～192.168.10.252/24 | 通过 DHCP 分配给无线用户 |
| | | 192.168.10.254/24 | 无线用户网段网关 |
| AP | VLAN 10 | 192.168.10.253/24 | AP 管理 |

表 3-9　项目 3 WLAN 规划

| WLAN ID | SSID | 加密方式 | 是否广播 | 用途 |
|---|---|---|---|---|
| 1 | Jan16 | 无（默认） | 是（默认） | 无线用户连接 SSID 以加入网络 |

表 3-10    项目 3 Radio 规划

| AP 名称 | 接口 | WLAN ID | VLAN ID | 频率与信道 | 功率 |
|---------|------|---------|---------|-----------|------|
| AP | Dot11radio 1/0 | 1 | 10 | 2.4GHz，自动调优（默认） | 100%（默认） |
|    | Dot11radio 2/0 | 1 | 10 | 5GHz，自动调优（默认） | 100%（默认） |

# 项目实践

## 任务 3-1    公司交换机的配置

微课视频

### 任务描述

本任务中，交换机的配置包括以下内容。

（1）远程管理配置：配置远程登录和管理密码，以方便后期维护时远程登录。

（2）VLAN 和 IP 地址配置：配置无线用户使用的 VLAN，配置设备的 IP 地址作为用户网关地址，同时作为设备远程管理时使用的 IP 地址。

（3）端口配置：配置与 AP 互联的端口默认 VLAN 为 VLAN 10，用户的 VLAN 需要在连接 AP 的端口中配置。

（4）DHCP 服务配置：开启核心设备的 DHCP 服务功能，创建用户的 DHCP 地址池，用户接入网络后可以自动获取 IP 地址。

### 任务操作

#### 1. 远程管理配置

配置远程登录和管理密码。

```
Ruijie#configure terminal                    //进入全局配置模式
Ruijie(config)#hostname SW                   //配置设备名称
SW(config)#username admin password Jan16     //创建用户名和密码
SW(config)#enable password Jan16             //设置特权模式密码
SW(config)#line vty 0 4                       //进入虚拟终端线路 0~4
SW(config)#login local                       //采用本地用户认证
SW(config)#exit                              //退出
```

#### 2. VLAN 和 IP 地址配置

创建各部门使用的 VLAN，配置设备的 IP 地址，即用户的网关地址。

```
SW(config)#vlan 10                              //创建 VLAN 10
SW(config-vlan)#name USER                       //将 VLAN 命名为 USER
SW(config-vlan)#exit                            //退出
SW(config)#interface vlan 10                    //进入 VLAN 10
SW(config-if-vlan 10)#ip address 192.168.10.254 24    //配置 IP 地址
SW (config-if-vlan 10)#exit                      //退出
```

### 3. 端口配置

配置与 AP 互联的端口默认 VLAN 为 VLAN 10。

```
SW(config)#interface GigabitEthernet 0/1    //进入 G0/1 端口
SW(config-if)#switchport access vlan 10     //配置端口默认 VLAN
SW(config-if)#exit                          //退出
```

### 4. DHCP 服务配置

开启核心设备的 DHCP 服务功能，创建用户的 DHCP 地址池。

```
SW(config)#service dhcp                              //开启 DHCP 服务
SW(config)# ip dhcp pool vlan10                      //创建 VLAN 10 的地址池
SW(dhcp-config)#network 192.168.10.0 255.255.255.0  //配置分配的 IP 地址段
SW(dhcp-config)# default-router 192.168.10.254       //配置分配的网关地址
SW(dhcp-config)# dns-server 223.5.5.5               //配置分配的 DNS 地址
SW(dhcp-config)#exit                                //退出
```

## 任务验证

（1）在交换机上使用"show ip interface brief"命令查看交换机的 IP 地址信息，如下所示。

```
SW#show ip interface brief
interface       IP-Address(Pri)     IP-Address(Sec)     Status
vlan 10         192.168.10.254      no address          up
(省略部分内容……)
```

可以看到 VLAN 10 已经配置了 IP 地址。

（2）在交换机上使用"show interfaces switchport"命令查看接口的 VLAN 信息，如下所示。

```
SW#show interfaces switchport
------------- --------   ------ ------ ------ --------- ----------
Interface       Switchport Mode   Access Native Protected VLAN lists
GigabitEthernet 0/1 enable ACCESS 10     1      Disabled  ALL
```

（省略部分内容……）

可以看到 G0/1 的链路模式（Mode）为"ACCESS"，并且默认 VLAN（Access）为"10"。

## 任务 3-2　公司 AP 的配置

微课视频

### 任务描述

本任务中，AP 的配置包括以下内容。

（1）AP 的工作模式配置：配置 AP 的工作模式为 Fat，默认情况下 AP 的工作模式为 Fit，需要先将 AP 切换为 Fat 模式才可进行配置。

（2）远程管理配置：配置远程登录和管理密码，以方便后期维护时远程登录。

（3）VLAN 和 IP 地址配置：创建 VLAN，配置 IP 地址，作为设备的管理 IP 地址。

（4）端口配置：配置与上联交换机互联的端口封装 VLAN，让用户 VLAN 可以通过该接口到达交换机。

（5）WLAN 配置：创建 WLAN 并定义 SSID，该 SSID 作为无线信号被释放出来，用户可以关联该无线信号来加入 WLAN。

（6）天线配置：进入无线射频卡接口封装 VLAN 和关联 WLAN，加入 WLAN 的用户属于所封装的 VLAN。

### 任务操作

#### 1. AP 的工作模式配置

配置 AP 的工作模式为 Fat。

```
Password:ruijie                              //输入密码进入特权模式
Ruijie>ap-mode fat                           //将 AP 模式切换为 Fat 模式
apmode will change to FAT.                   //弹出切换模式通知，等待重启
```

#### 2. 远程管理配置

配置远程登录和管理密码。

```
Ruijie>enable                                //进入特权模式
Ruijie#configure terminal                    //进入全局配置模式
Ruijie(config)#hostname AP                   //配置设备名称
AP(config)#username admin password Jan16     //创建用户名和密码
AP(config)#enable password Jan16             //设置特权模式密码
AP(config)# line vty 0 4                      //进入虚拟终端线路 0～4
AP(config-line)#login local                  //采用本地用户认证
```

```
AP(config)#exit                                              //退出
```

### 3. VLAN 和 IP 地址配置

创建 VLAN，配置 IP 地址作为设备的管理地址。

```
AP(config)#vlan 10                                           //创建 VLAN 10
AP(config-vlan)#name USER                                    //将 VLAN 命名为 USER
AP(config-vlan)#exit                                         //退出
AP(config)#interface bvi 10                                  //进入 VLAN 10
AP(config-if-BVI 10)#ip address 192.168.10.253 255.255.255.0 //配置 IP 地址
AP(config-if-BVI 10)#exit                                    //退出
AP(config)#ip route 0.0.0.0 0.0.0.0 192.168.10.254          //配置默认路由
```

### 4. 端口配置

配置与上联交换机互联的端口封装 VLAN。

```
AP(config)#interface gigabitethernet 0/1                     //进入 G0/1 端口
AP(config-if-gigabitethernet0/1)#encapsulation dot1Q 10     //配置端口封装 VLAN 10
AP(config-if-gigabitethernet0/1)#exit                        //退出
```

### 5. WLAN 配置

创建 WLAN 并定义 SSID。

```
AP(config)#dot11 wlan 1                                      //创建 WLAN 1
AP(dot11-wlan-config)#ssid Jan16                             //定义 SSID
AP(dot11-wlan-config)#exit                                   //退出
```

### 6. 天线配置

进入无线射频卡接口并关联 SSID。

```
AP(config)#interface dot11radio 1/0                          //进入 Dot11radio 1/0 接口
AP(config-subif)#encapsulation dot1Q 10                      //配置封装 VLAN 10
AP(config-if-Dot11radio 1/0)#wlan-id 1                       //配置关联 WLAN 1
AP(config-if-Dot11radio 1/0)#exit                            //退出
AP(config)#interface dot11radio 2/0                          //进入 Dot11radio 2/0 接口
AP(config-subif)#encapsulation dot1Q 10                      //配置封装 VLAN 10
AP(config-if-Dot11radio 2/0)#wlan-id 1                       //配置关联 WLAN 1
AP(config-if-Dot11radio 2/0)#exit                            //退出
```

### 任务验证

在 AP 上使用 "show running interface dot11radio 1/0" 命令查看无线射频卡的配置信息，如下所示。

```
AP(config)#show running interface dot11radio 1/0
(省略部分内容……)
interface Dot11radio 1/0
 encapsulation dot1Q 10
 wlan-id 1
(省略部分内容……)
Total: 1
```

可以看到已经创建了“Jan16”SSID。

## 项目验证

微课视频

（1）在 PC1 上查找无线信号“Jan16”并接入，结果如图 3-15 所示。

（2）在 PC1 上按【Windows+X】组合键，在弹出的菜单中选择“Windows PowerShell”命令，打开“Windows PowerShell”窗口，使用“ipconfig”命令查看获取的 IP 地址信息，结果如图 3-16 所示。

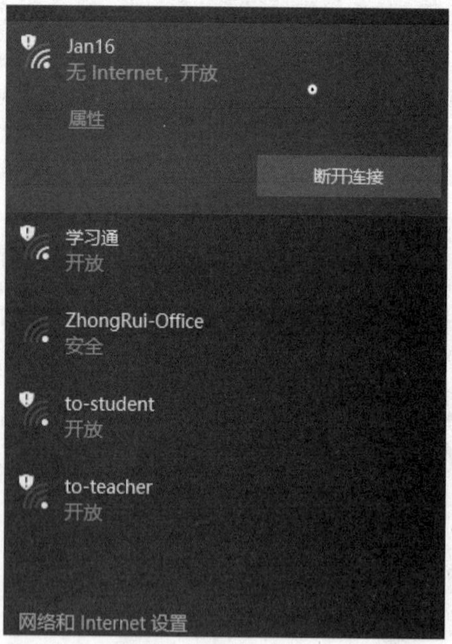


图 3-15　查找无线信号“Jan16”并接入

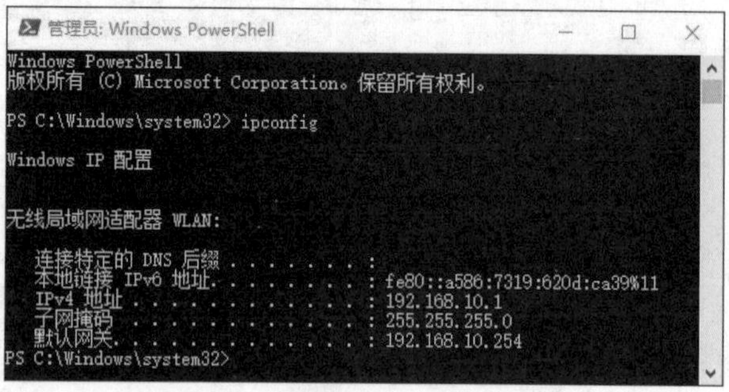


图 3-16　查看获取的 IP 地址信息

（3）在 PC1 上使用“ping 192.168.10.254”命令测试连通性，结果如图 3-17 所示，可以看到已正常连通。

图 3-17　测试连通性

# 项目拓展

（1）以下信道规划中属于不重叠信道的是（　　　）。（多选）

A. 1　6　11

B. 1　6　10

C. 2　6　10

D. 1　6　12

（2）以下属于我国 5GHz 频段 WLAN 工作的频率范围的是（　　　）。

A. 5.425GHz～5.650GHz

B. 5.560GHz～5.580GHz

C. 5.725GHz～5.835GHz

D. 5.225GHz～5.450GHz

（3）以下对传输速率描述正确的有（　　　）。（多选）

A. IEEE 802.11b 最高传输速率可达到 2Mbit/s

B. IEEE 802.11g 最高传输速率可达到 54Mbit/s

C. 单流 IEEE 802.11n 最高传输速率可达到 65Mbit/s

D. 双流 IEEE 802.11n 最高传输速率可达到 300Mbit/s

（4）关于 IEEE 802.11n 工作频段的说法正确的有（　　　）。（多选）

A. 可工作在 2.4GHz 频段

B. 可工作在 5GHz 频段

C. 只能工作在 5GHz 频段

D. 只能工作在 2.4GHz 频段

# 项目4
# 微企业多部门无线局域网的组建

# 04

## 项目描述

扩展知识

随着某公司业务的发展和办公人员数量的增加，越来越多的员工开始携带笔记本计算机办公。公司希望分别为销售部、财务部两个部门创建无线网络，在满足员工移动办公需求的同时，还要满足公司网络安全管理的基本要求。

根据公司的要求，需要在 AP 上创建两个无线网络供销售部和财务部使用。

## 项目相关知识

### 4.1 SSID 的概念

SSID 是无线局域网的名称，单个 AP 可以有多个 SSID。SSID 技术可以将一个无线局域网分为几个需要不同身份验证的子网络，每一个子网络都需要独立的身份验证，只有通过身份验证的用户才可以进入相应的子网络，从而防止未被授权的用户进入网络。

无线 AP 一般都会把 SSID 广播出去。如果不想让自己的无线局域网被别人搜索到，那么可以设置禁止 SSID 广播，此时无线局域网仍然可以使用，只是不会出现在其他人所搜索到的可用网络列表中，要想连接该无线局域网，就只能手动设置 SSID。

### 4.2 AP 的种类

无线 AP 从功能上可分为 Fat AP 和 Fit AP 两种。其中，Fat AP 拥有独立的操作系统，可以进行单独配置和管理，而 Fit AP 则无法单独进行配置和管理，需要借助无线局域网控制器进行统一的管理和配置。

Fat AP 可以自主完成无线接入、安全加密、设备配置等多项任务，不需要其他设备的协助，适用于构建中、小型无线局域网。Fat AP 组网的优点是无须改变现有有线网络结构，配置简单；缺点是无法统一管理和配置，需要对每台 AP 单独进行配置，费时、费力，当部署大规模的 WLAN 时，部署和维护成本高。

Fit AP 必须借助无线局域网控制器进行配置和管理。而采用无线局域网控制器加 Fit AP 的架构，可以将密集型的无线局域网和安全处理功能从无线 AP 转移到无线控制器中统一实现，无线 AP 只作为无线数据的收发设备，这样能够极大简化 AP 的管理和配置，甚至可以做到"零"配置。

## 4.3 单个 AP 多个 SSID 技术原理

无线局域网的 SSID 就是无线局域网的名称，用于区分不同的无线局域网。设置多个 SSID，可以实现通过一台无线 AP 部署多个无线局域网，用户可以连接不同的无线局域网，实现不同 SSID 用户间的二层隔离。因此，在一个区域的多 SSID 无线局域网中，所有用户可能都连入同一台无线 AP，但是不同 SSID 的用户并不在一个局域网中。

选择多 SSID 功能除了可以获得多个无线局域网外，更重要的是可以保证无线局域网的安全。尤其是对小型企业用户来说，每个部门都有自己的数据隐私需求。如果共用同一个无线局域网，很容易出现数据被盗的情况。而选择多 SSID 功能，可以使每个部门都独享专属的无线局域网，让各自的数据信息安全更有保障。

## 📝 项目规划设计

### 项目拓扑

公司原有网络是通过 DHCP 管理客户端 IP 地址的，网关和 DHCP 地址池都放置于核心交换机中。因 IP 地址需统一管理，公司网络管理员需要将无线用户的网关和 DHCP 地址池配置在交换机上。微企业多部门无线局域网网络拓扑如图 4-1 所示。

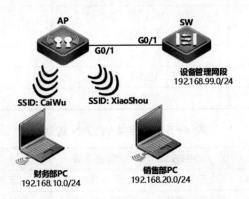

图 4-1　微企业多部门无线局域网网络拓扑

## 项目规划

根据图 4-1 进行项目的业务规划，项目 4 的 VLAN 规划、设备管理规划、端口互联规划、IP 地址规划、WLAN 规划、Radio 规划见表 4-1～表 4-6。

表 4-1  项目 4 VLAN 规划

| VLAN | VLAN 命名 | 网段 | 用途 |
|---|---|---|---|
| VLAN 10 | CaiWu | 192.168.10.0/24 | 财务部网段 |
| VLAN 20 | XiaoShou | 192.168.20.0/24 | 销售部网段 |
| VLAN 99 | Mgmt | 192.168.99.0/24 | 设备管理网段 |

表 4-2  项目 4 设备管理规划

| 设备类型 | 型号 | 设备命名 | 用户名 | 密码 | 特权密码 |
|---|---|---|---|---|---|
| 无线接入点 | AP720 | AP | admin | Jan16 | Jan16 |
| 交换机 | S5750 | SW | admin | Jan16 | Jan16 |

表 4-3  项目 4 端口互联规划

| 本端设备 | 本端端口 | 端口配置 | 对端设备 | 对端端口 |
|---|---|---|---|---|
| AP | G0/1 | encapsulation dot1Q 99 | SW | G0/1 |
| AP | G0/1.10 | encapsulation dot1Q 10 |  |  |
| AP | G0/1.20 | encapsulation dot1Q 20 |  |  |
| SW | G0/1 | trunk native vlan 99 | AP | G0/1 |

表 4-4  项目 4 IP 地址规划

| 设备 | VLAN | IP 地址 | 用途 |
|---|---|---|---|
| SW | VLAN 10 | 192.168.10.1/24～192.168.10.253/24 | 通过 DHCP 分配给财务部终端 |
|  |  | 192.168.10.254/24 | 财务部网段网关 |
|  | VLAN 20 | 192.168.20.1/24～192.168.20.253/24 | 通过 DHCP 分配给销售部终端 |
|  |  | 192.168.20.254/24 | 销售部网段网关 |
|  | VLAN 99 | 192.168.99.254/24 | 设备管理网段网关 |
| AP | VLAN 99 | 192.168.99.1/24 | AP 管理 |

表 4-5  项目 4 WLAN 规划

| WLAN ID | SSID | 加密方式 | 是否广播 | 用途 |
|---|---|---|---|---|
| 1 | CaiWu | 无（默认） | 是（默认） | 财务部连接 SSID 以加入网络 |
| 2 | XiaoShou | 无（默认） | 是（默认） | 销售部连接 SSID 以加入网络 |

表 4-6　项目 4 Radio 规划

| AP 名称 | 接口 | WLAN ID | VLAN ID | 频率与信道 | 功率 |
|---------|------|---------|---------|-----------|------|
| AP | Dot11radio 1/0 | 1 | 10 | 2.4GHz，自动调优（默认） | 100%（默认） |
| | Dot11radio 1/0.2 | 2 | 20 | — | — |
| | Dot11radio 2/0 | 1 | 10 | 5GHz，自动调优（默认） | 100%（默认） |
| | Dot11radio 2/0.2 | 2 | 20 | — | — |

 # 项目实践

### 任务 4-1　交换机的配置

微课视频

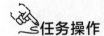 任务描述

本任务中，交换机的配置包括以下内容。

（1）远程管理配置：配置远程登录和管理密码，以方便后期维护时远程登录。

（2）VLAN 和 IP 地址配置：创建各部门使用的 VLAN，配置各 VLAN 的 IP 地址。VLAN 10 和 VLAN 20 的 IP 地址分别作为财务部门用户和销售部门用户网关地址，VLAN 99 的 IP 地址作为设备远程管理 IP 地址。

（3）端口配置：配置与 AP 互联的端口为干道（Trunk）模式，并配置端口默认 VLAN，用户的 VLAN 通过 Trunk 到达 AP，管理的 VLAN 通过默认 VLAN 到达 AP。

（4）DHCP 服务配置：开启核心设备的 DHCP 服务功能，创建用户的 DHCP 地址池，用户接入网络后可以自动获取 IP 地址。

任务操作

#### 1. 远程管理配置

配置远程登录和管理密码。

```
Ruijie#configure terminal                        //进入全局配置模式
SW(config)#hostname SW                            //配置设备名称
SW(config)#username admin password Jan16          //创建用户名和密码
SW(config)#enable password Jan16                  //设置特权模式密码
SW(config)#line vty 0 4                           //进入虚拟终端线路 0～4
SW(config)#login local                            //采用本地用户认证
SW(config)#exit                                   //退出
```

## 2. VLAN 配置

创建各部门使用的 VLAN，配置各 VLAN 的 IP 地址。

```
SW(config)#vlan 10                              //创建 VLAN 10
SW(config-vlan)#name CaiWu                      //VLAN 命名为 CaiWu
SW(config-vlan)#exit                            //退出
SW(config)#vlan 20                              //创建 VLAN 20
SW(config-vlan)#name XiaoShou                   //VLAN 命名为 XiaoShou
SW(config-vlan)#exit                            //退出
SW(config)#vlan 99                              //创建 VLAN 99
SW(config-vlan)#name Mgmt                       //VLAN 命名为 Mgmt
SW(config-vlan)#exit                            //退出
SW(config)#interface vlan 10                    //进入 VLAN 10
SW(config-if-vlan 10)#ip address 192.168.10.254 24    //配置 IP 地址
SW (config-if-vlan 10)#exit                     //退出
SW(config)#interface vlan 20                    //进入 VLAN 20
SW(config-if-vlan 20)#ip address 192.168.20.254 24    //配置 IP 地址
SW (config-if-vlan 20)#exit                     //退出
SW(config)#interface vlan 99                    //进入 VLAN 99
SW(config-if-vlan 99)#ip address 192.168.99.254 24    //配置 IP 地址
SW (config-if-vlan 99)#exit                     //退出
```

## 3. 端口配置

将与 AP 互联端口配置为 Trunk 模式，并配置端口默认 VLAN。

```
SW(config)#interface GigabitEthernet 0/1   //进入 G0/1 端口
SW(config-if)#switchport mode trunk        //配置端口链路模式为 Trunk
SW(config-if)#switchport trunk native vlan 99 //配置端口默认 VLAN 为 VLAN 99
SW(config-if)#exit                         //退出
```

## 4. DHCP 服务配置

开启交换机的 DHCP 服务功能，创建用户的 DHCP 地址池。

```
SW(config)#service dhcp                          //开启 DHCP 服务
SW(config)# ip dhcp pool vlan10                  //创建 VLAN 10 的地址池
SW(dhcp-config)#network  192.168.10.0 255.255.255.0 //配置分配的 IP 地址段
SW(dhcp-config)# default-router 192.168.10.254      //配置分配的网关地址
SW(dhcp-config)# dns-server 223.5.5.5            //配置分配的 DNS 地址
SW(dhcp-config)#exit                             //退出
```

```
SW(config)# ip dhcp pool vlan20                              //创建 VLAN 20 的地址池
SW(dhcp-config)#network  192.168.20.0 255.255.255.0 //配置分配的 IP 地址段
SW(dhcp-config)# default-router 192.168.20.254              //配置分配的网关地址
SW(dhcp-config)# dns-server 223.5.5.5                       //配置分配的 DNS 地址
SW(dhcp-config)#exit                                         //退出
```

**任务验证**

（1）在交换机上使用"show ip interface brief"命令查看交换机的 IP 地址信息，如下所示。

```
SW#show ip interface brief
interface         IP-Address(Pri)      IP-Address(Sec)      Status
(省略部分内容……)
vlan 10           192.168.10.254       no address           up
vlan 20           192.168.20.254       no address           up
vlan 99           192.168.99.254       no address           up
(省略部分内容……)
```

可以看到 3 个 VLAN 都已配置了 IP 地址。

（2）在交换机上使用"show interfaces switchport"命令查看端口的 VLAN 信息，如下所示。

```
SW#show interfaces switchport
--------------- -------- ------ ------ ------ ---------- --------
Interface         Switchport Mode    Access  Native  Protected  VLAN lists
GigabitEthernet 0/1 enable TRUNK   1       99      Disabled   ALL
GigabitEthernet 0/2 enable ACCESS  1       1       Disabled   ALL
(省略部分内容……)
```

可以看到 G0/1 的链路模式为"TRUNK"，并且 Native VLAN 为 VLAN 99。

## 任务 4-2  Fat AP 的配置

微课视频

**任务描述**

本任务中，AP 的配置包括以下内容。

（1）远程管理配置：配置远程登录和管理密码，以方便后期维护时远程登录。

（2）VLAN 和 IP 地址配置：创建各部门使用的 VLAN，配置 IP 地址，作为 AP 管理地址。

（3）端口配置：配置与上联交换机互联的端口封装 VLAN，让用户 VLAN 和管理 VLAN 可以通过该接口到达交换机。

（4）WLAN 配置：创建 WLAN 并定义 SSID，两个 SSID 作为无线信号被释放出来，用户可关联不同的无线信号加入不同的 WLAN。

（5）天线配置：进入无线射频卡接口封装 VLAN 和关联 WLAN，加入不同 WLAN 的用户属于不同的 VLAN。

## 任务操作

### 1. 远程管理配置

配置远程登录和管理密码。

```
Ruijie(config)#hostname AP                              //配置设备名称
AP(config)#username admin password Jan16                //创建用户名和密码
AP(config)#enable password Jan16                        //设置特权模式密码
AP(config)# line vty 0 4                                //进入虚拟终端线路 0～4
AP(config-line)#login local                             //采用本地用户认证
AP(config)#exit                                         //退出
```

### 2. VLAN 和 IP 地址配置

创建各部门使用的 VLAN，配置 IP 地址，作为 AP 管理地址。

```
AP(config)#vlan 10                                      //创建 VLAN 10
AP(config-vlan)#name CaiWu                              //VLAN 命名为 CaiWu
AP(config-vlan)#exit                                    //退出
AP(config)#vlan 20                                      //创建 VLAN 20
AP(config-vlan)#name XiaoShou                           //VLAN 命名为 XiaoShou
AP(config-vlan)#exit                                    //退出
AP(config)#vlan 99                                      //创建 VLAN 99
AP(config-vlan)#name Mgmt                               //VLAN 命名为 Mgmt
AP(config-vlan)#exit                                    //退出
AP(config)#interface bvi 99                             //进入 VLAN 99
AP(config-if-BVI 99)#ip address 192.168.99.1 255.255.255.0 //配置 IP 地址
AP(config-if-BVI 99)#exit                               //退出
AP(config)#ip route 0.0.0.0 0.0.0.0 192.168.99.254     //配置默认路由
```

### 3. 端口配置

配置与上联交换机互联的端口封装 VLAN，创建虚拟端口 G0/1.10 和 G0/1.20 并封装相应 VLAN。

```
AP(config)#interface gigabitethernet 0/1              //进入 G0/1 端口
AP(config-if)#encapsulation dot1Q 99   //配置端口封装 VLAN 99（需要与上联设备
的 Native VLAN 相对应）
AP(config-if)#exit                                    //退出
AP(config)#interface gigabitethernet 0/1.10          //进入 G0/1.10 端口
AP(config-subif)#encapsulation dot1Q 10              //配置端口封装 VLAN 10
AP(config-subif)#exit                                //退出
AP(config)#interface gigabitethernet 0/1.20          //进入 G0/1.20 端口
AP(config-subif)#encapsulation dot1Q 20              //配置端口封装 VLAN 20
AP(config-subif)#exit                                //退出
```

### 4. WLAN 配置

创建 WLAN 并定义 SSID。

```
AP(config)#dot11 wlan 1                              //创建 WLAN 1
AP(dot11-wlan-config)#ssid CaiWu                     //定义 SSID
AP(dot11-wlan-config)#exit                           //退出
AP(config)#dot11 wlan 2                              //创建 WLAN 2
AP(dot11-wlan-config)#ssid XiaoShou                  //定义 SSID
AP(dot11-wlan-config)#exit                           //退出
```

### 5. 天线配置

进入无线射频卡接口封装 VLAN 和关联 WLAN，创建虚拟射频卡接口，封装 VLAN 和
关联 WLAN。

```
AP(config)#interface dot11radio 1/0                  //进入 Dot11radio 1/0
AP(config-if-Dot11radio 1/0)#encapsulation dot1Q 10   //配置封装 VLAN 10
AP(config-if-Dot11radio 1/0)#wlan-id 1               //配置关联 WLAN 1
AP(config-if-Dot11radio 1/0)#exit                    //退出
AP(config)#interface dot11radio 1/0.2                //进入 Dot11radio 1/0.2
AP(config-if-Dot11radio 1/0.2)#encapsulation dot1Q 20 //配置封装 VLAN 20
AP(config-if-Dot11radio 1/0.2)#wlan-id 2             //配置关联 WLAN 2
AP(config-if-Dot11radio 1/0.2)#exit                  //退出
AP(config)#interface dot11radio 2/0                  //进入 Dot11radio 2/0
AP(config-if-Dot11radio 2/0)#encapsulation dot1Q 10   //配置封装 VLAN 10
AP(config-if-Dot11radio 2/0)#wlan-id 1               //配置关联 WLAN 1
AP(config-if-Dot11radio 2/0)#exit                    //退出
AP(config)#interface dot11radio 2/0.2                //进入 Dot11radio 2/0.2
```

```
AP(config-if-Dot11radio 2/0.2)#encapsulation dot1Q 20 //配置封装 VLAN 20
AP(config-if-Dot11radio 2/0.2)#wlan-id 2              //配置关联 WLAN 2
AP(config-if-Dot11radio 2/0.2)#exit                   //退出
```

### 任务验证

（1）在 AP 上使用"show running interface dot11radio 1/0"命令，查看无线射频卡的配置信息，如下所示。

```
AP(config)#show running interface dot11radio 1/0
（省略部分内容……）
interface Dot11radio 1/0
 encapsulation dot1Q 10
 wlan-id 1
（省略部分内容……）
```

可以看到已经封装 VLAN 10 并且关联 WLAN ID 1。

（2）在 AP 上查看其他无线射频卡的配置信息，确认均已封装 VLAN 和关联 WLAN。

### 项目验证

微课视频

（1）STA 可以关联不同的 SSID 信号接入网络，图 4-2 所示和图 4-3 所示分别为关联财务部 SSID 信号"CaiWu"和关联销售部 SSID 信号"XiaoShou"接入网络。

图 4-2　关联"CaiWu"SSID 信号接入网络

图 4-3　关联"XiaoShou"SSID 信号接入网络

（2）关联财务部 SSID 信号"CaiWu"获得 192.168.10.0/24 网段的 IP 地址，关联销售部 SSID 信号"XiaoShou"获得 192.168.20.0/24 网段的 IP 地址。财务网段和销售网段的 IP 地址信息分别如图 4-4 和图 4-5 所示。

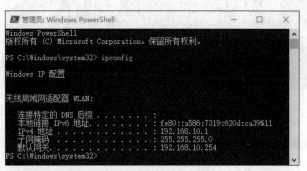

图 4-4　财务网段的 IP 地址信息

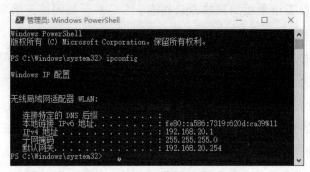

图 4-5　销售网段的 IP 地址信息

## 项目拓展

（1）关于 SSID 的全称，以下说法正确的是（　　　）

  A．Set Service Identifier    B．Service software Identifier

  C．software Service Identifier  D．Service Set Identifier

（2）关于多个 SSID 的情况，以下说法正确的是（　　　）

  A．一个 SSID 可以对应多个网络。 B．多个 SSID 可以对应一个网络。

  C．多个 SSID 可以对应多个网络。 D．以上都不正确。

（3）关于 SSID，以下说法正确的是（　　　）

  A．无线网络必须使用有线连接才能设置 SSID。

  B．无线网络可以独立于有线网络设置 SSID。

  C．必须使用智能手机才能连接到无线网络。

  D．以上都不正确。

# 项目5
# 微企业双AP无线局域网的组建

## 项目描述

扩展知识

　　Jan16 公司的员工小蔡接到某快递公司的一个仓库无线网络部署项目，在与客户进行沟通交流后了解到，由于该快递公司业务量快速增长，为了避免仓库不够用，公司租用了一个约 500m² 的新仓库。仓库中需要使用无线扫码枪对包裹进行快速、高效的分类处理，因此客户要求新仓库部署的无线网络应实现无死角覆盖，满足员工在仓库中走动扫码的需求。

　　要在约 500m² 的仓库实现无线信号覆盖，至少需要部署两个 AP。无线扫码枪在仓库中移动作业时，会比对两个 AP 的信号强度，自动选择信号较强的 AP 接入。

　　在仓库中部署两个及以上 AP 时需要调整 AP 的参数，以避免两个 AP 因信道冲突、覆盖范围较小等问题导致无线终端接入质量差甚至无法接入网络的情况发生。同时，无线终端在仓库中移动时，经常会发生切换 AP 的情况。因此，网络管理员需考虑让多个无线 AP 协同工作，确保客户端在切换 AP 时应用程序连接不中断。

## 项目相关知识

### 5.1　AP 密度

　　AP 密度是指在固定面积的建筑物环境下部署无线 AP 的数量。每一台无线 AP 可接入的用户数量是相对固定的，因此，确定无线 AP 的部署数量不仅需要考虑无线信号在建筑物的覆盖质量，而且要考虑无线用户的接入数量。

　　在不考虑无线信号覆盖的情况下，应考虑无线 AP 的无线接入用户数上限，对于无线用户数量较多的场合需要部署更多的无线 AP。在无线网络项目部署中，通常要对无线 AP 的覆盖范围、无线接入用户数进行综合考虑。例如，会展中心无线网络部署属于典型的高密度无线 AP 部署场景；仓储中心无线网络部署通常属于低密度、高覆盖无线 AP 部署场景。

## 5.2 AP 功率

无线 AP 有一个重要的参数——发射功率，简称功率。对 AP 而言，AP 功率是一个重要的指标，因为它与 AP 的信号强度有关。

AP 通过天线发射无线信号。通常 AP 的发射功率越大，信号就越强，其覆盖范围就越广。典型的无线 AP 产品分为室内型 AP 和室外型 AP。室内型 AP 的功率普遍比室外型 AP 的功率要小，室外型 AP 的功率基本都在 500mW 以上，而室内型 AP 的发射功率通常不高于 100mW。需要注意的是，功率越大，辐射也就越强，而且 AP 信号的强度不仅与功率有关，还与频段干扰、摆放位置、天线增益等有关，所以在满足信号覆盖的情况下，不建议一味地选择大功率的 AP。

## 5.3 AP 信道

AP 信道是指 AP 的工作频率，它是以无线信号作为传输媒介的数据信号传送通道。目前无线产品的主要工作频段为 2.4GHz 和 5GHz。

### 1. 2.4GHz 频段信道规划

2.4GHz 频段的各信道频率范围如图 2-1 所示，其中，信道 1、6、11 是 3 个频率范围完全不重叠的信道。

为避免同频干扰，部署 AP 时可以对多个 AP 进行信道规划。信道规划的作用是减少信号冲突与干扰，通常会选择水平部署或者垂直部署。水平部署时，2.4GHz 信道规划如图 5-1 所示；垂直部署时，2.4GHz 信道规划如图 5-2 所示。

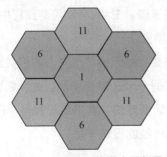

图 5-1　2.4GHz 信道水平部署

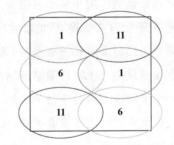

图 5-2　2.4GHz 信道垂直部署

在同一空间的二维平面上的多个 AP 可使用信道 1、6、11 实现任意区域无相同信道干扰的无线部署。当某个 AP 功率调大时，会出现部分区域有同频干扰的情况，影响用户上网体验，这时可以通过调整无线设备的发射功率来避免这种情况的发生。但是，在三维空间里，要想在实际应用场景中实现任意区域无同频干扰是比较困难的，尤其在部署高密度 AP 时，还需要对所有 AP 进行功率规划，通过调整 AP 的发射功率来尽可能避免 AP 信道冲突。

### 2．5GHz 频段信道规划

无线 5GHz 频段是指图 2-2 所示的 5GHz 频段的高频部分，信道编号分别为 149、153、157、161、165。参照 2.4GHz 信道规划，5GHz 信道水平部署如图 5-3 所示。

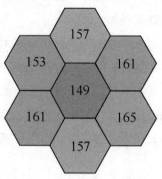

图 5-3　5GHz 信道水平部署

## 5.4　无线漫游

当无线局域网存在多个无线 AP 时，STA 在移动到两个 AP 覆盖范围的交界区域时，STA 与新的 AP 进行关联并与原有 AP 断开关联，且在此过程中保持不间断的网络连接，这种功能称为漫游（Roaming）。

对用户来说，漫游的过程是透明且无感知的，即用户在漫游过程中，不会收到 AP 变化的通知，也不会感觉到切换 AP 带来的服务变化，这与手机类似。例如，我们在快速行驶的汽车中打电话时，手机会不断切换服务基站，但是我们并不会感觉到这个过程，除非我们过隧道（隧道未覆盖手机信号），否则不会感知到通话的变化。

漫游技术已经普遍应用于移动通信和无线网络通信。在 WLAN 漫游过程中，STA 的 IP 地址始终保持不变（STA 更换 IP 地址会导致通信中断）。

无线漫游分为二层漫游和三层漫游，这里仅简要介绍无线二层漫游的相关知识。

无线二层漫游是指 STA 在漫游前后均工作在同一个子网络中。因此，它要求所有 AP 均工作在同一个子网络，且要求各 AP 的 SSID、认证方式、客户端配置与 AP 网络中的配置完全相同，仅允许 AP 工作信道不同，以确保 AP 彼此没有干扰。

## 项目规划设计

### 项目拓扑

公司原有网络是通过 DHCP 管理客户端 IP 地址的，网关和 DHCP 地址池都放置于核心交换机中。因 IP 地址需统一管理，公司网络管理员需要将无线用户的网关和 DHCP 地址池配置在核心交换机上。微企业双 AP 无线局域网网络拓扑如图 5-4 所示。

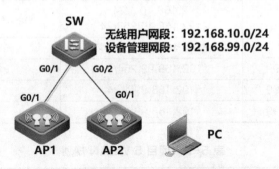

图 5-4　微企业双 AP 无线局域网网络拓扑

## 项目规划

根据图 5-4 进行项目的业务规划。项目 5 的 VLAN 规划、设备管理规划、端口互联规划、IP 地址规划、WLAN 规划、Radio 规划见表 5-1～表 5-6。

表 5-1　项目 5 VLAN 规划

| VLAN | VLAN 命名 | 网段 | 用途 |
|---|---|---|---|
| VLAN 10 | User | 192.168.10.0/24 | 无线用户网段 |
| VLAN 99 | Mgmt | 192.168.99.0/24 | 设备管理网段 |

表 5-2　项目 5 设备管理规划

| 设备类型 | 型号 | 设备命名 | 用户名 | 密码 | 特权密码 |
|---|---|---|---|---|---|
| 无线接入点 | AP720 | AP1 | admin | Jan16 | Jan16 |
| 无线接入点 | AP720 | AP2 | admin | Jan16 | Jan16 |
| 交换机 | S5750 | SW | admin | Jan16 | Jan16 |

表 5-3　项目 5 端口互联规划

| 本端设备 | 本端端口 | 端口配置 | 对端设备 | 对端端口 |
|---|---|---|---|---|
| AP1 | G0/1 | encapsulation dot1Q 99 | SW | G0/1 |
| AP1 | G0/1.10 | encapsulation dot1Q 10 | SW | G0/1 |
| AP2 | G0/1 | encapsulation dot1Q 99 | SW | G0/2 |
| AP2 | G0/1.10 | encapsulation dot1Q 10 | SW | G0/2 |
| SW | G0/1 | trunk native vlan 99 | AP1 | G0/1 |
| SW | G0/2 | trunk native vlan 99 | AP2 | G0/1 |

表 5-4　项目 5 IP 地址规划

| 设备 | VLAN | IP 地址 | 用途 |
|---|---|---|---|
| SW | VLAN 10 | 192.168.10.1/24～192.168.10.253/24 | 通过 DHCP 分配给无线用户 |
| | | 192.168.10.254/24 | 无线用户网段网关 |
| | VLAN 99 | 192.168.99.254/24 | 设备管理网段网关 |
| AP1 | VLAN 99 | 192.168.99.1/24 | AP 管理 |
| AP2 | VLAN 99 | 192.168.99.2/24 | AP 管理 |

表 5-5　项目 5 WLAN 规划

| WLAN ID | SSID | 加密方式 | 是否广播 | 用途 |
|---|---|---|---|---|
| 1 | Jan16 | 无（默认） | 是（默认） | 用户连接 SSID 以加入网络 |

表 5-6　项目 5 Radio 规划

| AP 名称 | 接口 | WLAN ID | VLAN ID | 频率与信道 | 功率 |
|---|---|---|---|---|---|
| AP1 | Dot11radio 1/0 | 1 | 10 | 2.4GHz，1 | 50% |
| AP1 | Dot11radio 2/0 | 1 | 10 | 5GHz，149 | 50% |
| AP2 | Dot11radio 1/0 | 1 | 10 | 2.4GHz，11 | 50% |
| AP2 | Dot11radio 2/0 | 1 | 10 | 5GHz，157 | 50% |

# 项目实践

## 任务 5-1　仓库交换机的配置

微课视频

### 任务描述

本任务中，交换机的配置包括以下内容。

（1）远程管理配置：配置远程登录和管理密码，以方便后期维护时远程登录。

（2）VLAN 和 IP 地址配置：创建各部门使用的 VLAN，配置各 VLAN 的 IP 地址。VLAN 10 的 IP 地址作为用户网关地址，VLAN 99 的 IP 地址作为设备远程管理 IP 地址。

（3）端口配置：配置与 AP 互联的端口为 Trunk 模式，并配置端口默认 VLAN，用户的 VLAN 通过 Trunk 到达 AP，管理的 VLAN 通过默认 VLAN 到达 AP。

（4）DHCP 服务配置：开启核心设备的 DHCP 服务功能，创建用户的 DHCP 地址池，用户接入网络后可以自动获取 IP 地址。

## 任务操作

### 1. 远程管理配置

配置远程登录和管理密码。

```
Ruijie#configure terminal                        //进入全局配置模式
SW(config)#hostname SW                            //配置设备名称
SW(config)#username admin password Jan16          //创建用户名和密码
SW(config)#enable password Jan16                  //设置特权模式密码
SW(config)#line vty 0 4                            //进入虚拟终端线路 0～4
SW(config)#login local                            //采用本地用户认证
SW(config)#exit                                    //退出
```

### 2. VLAN 和 IP 地址配置

创建各 VLAN，配置各 VLAN 的 IP 地址。

```
SW(config)#vlan 10                                        //创建 VLAN 10
SW(config-vlan)#name User                                 //VLAN 命名为 User
SW(config-vlan)#exit                                      //退出
SW(config)#vlan 99                                        //创建 VLAN 99
SW(config-vlan)#name Mgmt                                 //VLAN 命名为 Mgmt
SW(config-vlan)#exit                                      //退出
SW(config)#interface vlan 10                              //进入 VLAN 10
SW(config-if-vlan 10)#ip address 192.168.10.254 24        //配置 IP 地址
SW (config-if-vlan 10)#exit                               //退出
SW(config)#interface vlan 99                              //进入 VLAN 99
SW(config-if-vlan 99)#ip address 192.168.99.254 24        //配置 IP 地址
SW (config-if-vlan 99)#exit                               //退出
```

### 3. 端口配置

配置与 AP 互联的端口为 Trunk 模式，并配置端口默认 VLAN。

```
SW(config)#interface range GigabitEthernet 0/1-2   //进入 G0/1 和 G0/2 端口
SW(config-if)#switchport mode trunk                //配置端口链路模式为 Trunk
SW(config-if)#switchport trunk native vlan 99      //配置端口默认 VLAN 为 VLAN 99
SW(config-if)#exit                                 //退出
```

### 4. DHCP 服务配置

开启核心设备的 DHCP 服务功能，创建用户的 DHCP 地址池。

```
SW(config)#service dhcp                            //开启 DHCP 服务
```

```
SW(config)# ip dhcp pool vlan10                         //创建 VLAN 10 的地址池
SW(dhcp-config)#network 192.168.10.0 255.255.255.0 //配置分配的 IP 地址段
SW(dhcp-config)# default-router 192.168.10.254//配置分配的网关地址
SW(dhcp-config)# dns-server 223.5.5.5                   //配置分配的 DNS 地址
SW(dhcp-config)#exit                                    //退出
```

### 任务验证

（1）在交换机上使用"show ip interface brief"命令查看交换机的 IP 地址信息，如下所示。

```
SW#show ip interface brief
interface          IP-Address(Pri)      IP-Address(Sec)      Status
(省略部分内容……)
vlan 10            192.168.10.254       no address           up
vlan 99            192.168.99.254       no address           up
(省略部分内容……)
```

可以看到两个 VLAN 都已配置了 IP 地址。

（2）在交换机上使用"show interfaces switchport"命令查看端口的 VLAN 信息，如下所示。

```
SW#show interfaces switchport
--------------- ------- ------ ------ ------ --------- ----------
Interface       Switchport Mode   Access Native Protected VLAN lists
GigabitEthernet 0/1     enable    TRUNK  1      99    Disabled    ALL
GigabitEthernet 0/2     enable    TRUNK  1      99    Disabled    ALL
(省略部分内容……)
```

可以看到 G0/1 的链路模式为"TRUNK"，并且 Native VLAN 为 VLAN 99。

## 任务 5-2　仓库 AP1 的配置

微课视频

### 任务描述

本任务中，AP 的配置包括以下内容。

（1）远程管理配置：配置远程登录和管理密码，以方便后期维护时远程登录。

（2）VLAN 和 IP 地址配置：创建各部门使用的 VLAN，配置 IP 地址，作为 AP 管理地址。

（3）端口配置：配置与上联交换机互联的端口封装 VLAN，让用户 VLAN 和管理 VLAN 可以通过该接口到达交换机。

（4）WLAN 配置：创建 WLAN 并定义 SSID， SSID 作为无线信号被释放出来，用户可关联无线信号加入 WLAN。

（5）天线配置：进入无线射频卡接口封装 VLAN 和关联 WLAN， 加入 WLAN 的用户属于所封装的 VLAN。

 **任务操作**

### 1. 远程管理配置

配置远程登录和管理密码。

```
Ruijie(config)#hostname AP1                        //配置设备名称
AP1(config)#username admin password Jan16          //创建用户名和密码
AP1(config)#enable password Jan16                  //设置特权模式密码
AP1(config)#line vty 0 4                            //进入虚拟终端线路 0～4
AP1(config-line)#login local                       //采用本地用户认证
AP1(config)#exit                                    //退出
```

### 2. VLAN 和 IP 地址配置

创建 VLAN，配置 IP 地址。

```
AP1(config)#vlan 10                                //创建 VLAN 10
AP1(config-vlan)#name User                         //VLAN 命名为 User
AP1(config-vlan)#exit                              //退出
AP1(config)#vlan 99                                //创建 VLAN 99
AP1(config-vlan)#name Mgmt                         //VLAN 命名为 Mgmt
AP1(config-vlan)#exit                              //退出
AP1(config)#interface bvi 99                       //进入 VLAN 99
AP1(config-if-BVI 99)#ip address 192.168.99.1 255.255.255.0 //配置 IP 地址
AP1(config-if-BVI 99)#exit                         //退出
AP1(config)#ip route 0.0.0.0 0.0.0.0 192.168.99.254       //配置默认路由
```

### 3. 端口配置

配置与上联交换机互联的端口封装 VLAN，创建虚拟端口 G0/1.10 并封装用户 VLAN。

```
AP1(config)#interface gigabitethernet 0/1         //进入 G0/1 端口
AP1(config-if-gigabitethernet 0/1)#encapsulation dot1Q 99 //配置端口封装
VLAN 99（需要与上联设备的 Native VLAN 相对应）
AP1(config-if-gigabitethernet 0/1)#exit           //退出
```

```
AP1(config)#interface gigabitethernet 0/1.10    //进入 G0/1.10 端口

AP1(config-if-gigabitethernet 0/1)#encapsulation dot1Q 10 //配置端口封装 VLAN 10

AP1(config-if-gigabitethernet 0/1)#exit          //退出
```

### 4. WLAN 配置

创建 WLAN 并定义 SSID。

```
AP1(config)#dot11 wlan 1                          //创建 WLAN 1

AP1(dot11-wlan-config)#ssid Jan16                 //定义 SSID

AP1(dot11-wlan-config)#exit                       //退出
```

### 5. 天线配置

进入无线射频卡接口封装 VLAN 和关联 WLAN。

```
AP1(config)#interface dot11radio 1/0              //进入 Dot11radio 1/0

AP1(config-if-Dot11radio 1/0)#encapsulation dot1Q 10  //配置封装 VLAN 10

AP1(config-if-Dot11radio 1/0)#wlan-id 1           //配置关联 WLAN 1

AP1(config-if-Dot11radio 1/0)#channel 1           //配置信道为 1

AP1(config-if-Dot11radio 1/0)#power local 50      //配置功率为 50%

AP1(config-if-Dot11radio 1/0)#exit                //退出

AP1(config)#interface dot11radio 2/0              //进入 Dot11radio 2/0

AP1(config-if-Dot11radio 2/0)#encapsulation dot1Q 10  //配置封装 VLAN 10

AP1(config-if-Dot11radio 2/0)#wlan-id 1           //配置关联 WLAN 1

AP1(config-if-Dot11radio 2/0)#channel 149         //配置信道为 149

AP1(config-if-Dot11radio 2/0)#power local 50      //配置功率为 50%

AP1(config-if-Dot11radio 2/0)#exit                //退出
```

## 任务验证

在 AP1 上使用 "show dot11 wlan 1" 命令查看 WLAN 的配置信息，如下所示。

```
AP#show dot11 wlan 1

Network Name (SSID): Jan16

      Interface.................... Dot11radio 1/0

      Vlan (group) id.............. 10

      MAC Address.................. 0605.880c.5773

      Beacon Period................ 100

      RTS Threshold................ 2347

      Fragment Threshold........... 2346

      Radio Mode................... 11ng_ht20
```

```
     Channel..................... 2412(1)
     Noise Floor................. -108 dBm
     Channel width.............. 20MHz
     Current Tx Power Level....... 50%
（省略部分内容……）
Network Name (SSID): Jan16
     Interface.................... Dot11radio 2/0
     Vlan (group) id.............. 10
     MAC Address................. 0605.880c.5774
     Beacon Period............... 100
     RTS Threshold............... 2347
     Fragment Threshold.......... 2346
     Radio Mode.................. 11ac_vht20_5g
     Channel..................... 5745(149)
     Noise Floor................. -106 dBm
     Channel width.............. 20MHz
Current Tx Power Level....... 50%
（省略部分内容……）
```

可以看出 WLAN 1 已经关联到 Dot11radio 1/0 和 Dot11radio 2/0 接口，接口上已经封装 VLAN 10，并且已经调整了信道和功率。

## 任务 5-3　仓库 AP2 的配置

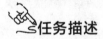

微课视频

### 任务描述

本任务中，AP 的配置包括以下内容。

（1）远程管理配置：配置远程登录和管理密码，以方便后期维护时远程登录。

（2）VLAN 和 IP 地址配置：创建各部门使用的 VLAN，配置 IP 地址，作为 AP 管理地址。

（3）端口配置：配置与上联交换机互联的端口封装 VLAN，让用户 VLAN 和管理 VLAN 可以通过该接口到达交换机。

（4）WLAN 配置：创建 WLAN 并定义 SSID， SSID 作为无线信号被释放出来，用户可关联无线信号加入 WLAN。

（5）天线配置：进入无线射频卡接口封装 VLAN 和关联 WLAN， 加入 WLAN 的用户属于所封装的 VLAN。

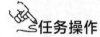任务操作

### 1. 远程管理配置

配置远程登录和管理密码。

```
Ruijie(config)#hostname AP2                    //配置设备名称
AP2(config)#username admin password Jan16      //创建用户名和密码
AP2(config)#enable password Jan16              //设置特权模式密码
AP2(config)#line vty 0 4                        //进入虚拟终端线路 0～4
AP2(config-line)#login local                    //采用本地用户认证
AP2(config)#exit                                //退出
```

### 2. VLAN 和 IP 地址配置

创建 VLAN，配置 IP 地址。

```
AP2(config)#vlan 10                            //创建 VLAN 10
AP2(config-vlan)#name User                      //VLAN 命名为 User
AP2(config-vlan)#exit                           //退出
AP2(config)#vlan 99                            //创建 VLAN 99
AP2(config-vlan)#name Mgmt                      //VLAN 命名为 Mgmt
AP2(config-vlan)#exit                           //退出
AP2(config)#interface bvi 99                    //进入 VLAN 99
AP2(config-if-BVI 99)#ip address 192.168.99.2 255.255.255.0 //配置 IP 地址
AP2(config-if-BVI 99)#exit                      //退出
AP2(config)#ip route 0.0.0.0 0.0.0.0 192.168.99.254      //配置默认路由
```

### 3. 端口配置

配置与上联交换机互联的端口封装 VLAN，创建虚拟端口 G0/1.10 并封装用户 VLAN。

```
AP2(config)#interface gigabitethernet 0/1              //进入 G0/1 端口
AP2(config-if-gigabitethernet 0/1)#encapsulation dot1Q 99 //配置端口封装 VLAN 99
（需要与上联设备的 Native VLAN 相对应）
AP2(config-if-gigabitethernet 0/1)#exit                //退出
AP2(config)#interface gigabitethernet 0/1.10           //进入 G0/1.10 端口
AP2(config-if-gigabitethernet 0/1)#encapsulation dot1Q 10 //配置端口封装 VLAN 10
AP2(config-if-gigabitethernet 0/1)#exit                //退出
```

## 4. WLAN 配置

创建 WLAN 并定义 SSID。

```
AP2(config)#dot11 wlan 1                    //创建 WLAN 1
AP2(dot11-wlan-config)#ssid Jan16           //定义 SSID
AP2(dot11-wlan-config)#exit                 //退出
```

## 5. 天线配置

进入无线射频卡接口封装 VLAN 和关联 WLAN。

```
AP2(config)#interface dot11radio 1/0                //进入 dot11radio 1/0
AP2(config-if-Dot11radio 1/0)#encapsulation dot1Q 10  //配置封装 VLAN 10
AP2(config-if-Dot11radio 1/0)#wlan-id 1            //配置关联 WLAN 1
AP2(config-if-Dot11radio 1/0)#channel 11           //配置信道为 11
AP2(config-if-Dot11radio 1/0)#power local 50       //配置功率为 50%
AP2(config-if-Dot11radio 1/0)#exit                 //退出
AP2(config)#interface dot11radio 2/0                //进入 dot11radio 2/0
AP2(config-if-Dot11radio 2/0)#encapsulation dot1Q 10  //配置封装 VLAN 10
AP2(config-if-Dot11radio 2/0)#wlan-id 1            //配置关联 WLAN 1
AP2(config-if-Dot11radio 2/0)#channel 157          //配置信道为 157
AP2(config-if-Dot11radio 2/0)#power local 50       //配置功率为 50%
AP2(config-if-Dot11radio 2/0)#exit                 //退出
```

## 任务验证

在 AP2 上使用 "show dot11 wlan 1" 命令，查看 WLAN 的配置信息，如下所示。

```
AP2#show dot11 wlan 1
Network Name (SSID): Jan16

    Interface................... Dot11radio 1/0
    Vlan (group) id............. 10
    MAC Address................. 0605.880c.5773
    Beacon Period............... 100
    RTS Threshold............... 2347
    Fragment Threshold.......... 2346
    Radio Mode.................. 11ng_ht20
    Channel.................... 2462(11)
    Noise Floor................ -96 dBm
    Channel width.............. 20MHz
```

```
      Current Tx Power Level....... 50%

（省略部分内容……）

Network Name (SSID): Jan16

      Interface.................... Dot11radio 2/0

      Vlan (group) id.............. 10

      MAC Address.................. 0605.880c.5774

      Beacon Period............... 100

      RTS Threshold............... 2347

      Fragment Threshold.......... 2346

      Radio Mode.................. 11ac_vht20_5g

      Channel..................... 5785(157)

      Noise Floor................. -107 dBm

      Channel width............... 20MHz

Current Tx Power Level....... 50%

（省略部分内容……）
```

可以看出 WLAN 1 已经关联到 Dot11radio 1/0 和 Dot11radio 2/0 接口，接口上已经封装 VLAN 10，并且已经调整了信道和功率。

## 📝 项目验证

微课视频

（1）使用测试 PC 查找无线信号 "Jan16" 并接入，结果如图 5-5 所示。

图 5-5　PC 查找无线信号 "Jan16" 并接入

（2）在 PC 上通过"WirelessMon Professional"软件测试漫游用户，根据无线信道测试二层漫游连接。使用"WirelessMon Professional"软件查看所连接的 SSID 信息，可以看到当前已连接的"Jan16"SSID 工作在信道 11，如图 5-6 所示。

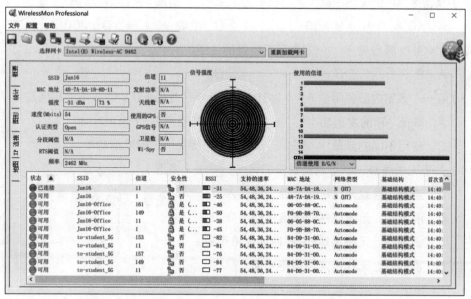

图 5-6　使用"WirelessMon Professional"软件查看所连接的 SSID 信息

（3）使用"WirelessMon Professional"软件查看漫游后所连接的 SSID 信息，如图 5-7 所示，在测试 PC 上通过"WirelessMon Professional"软件测试漫游，可以看到已连接的"Jan16"SSID 已经切换到信道 1。

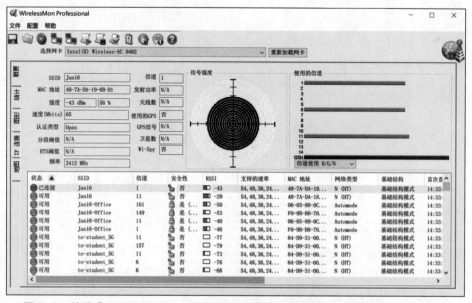

图 5-7　使用"WirelessMon Professional"软件查看漫游后所连接的 SSID 信息

## ✎ 项目拓展

（1）某型号 AP 的天线的最大发射功率为 20dBm，则该 AP 的最大功率为（　　）mW。

    A. 10　　　　　　B. 50　　　　　　C. 100　　　　　　D. 200

（2）2.4GHz 频段有（　　）个互不重叠的信道。

    A. 2　　　　　　B. 3　　　　　　C. 4　　　　　　D. 5

（3）在一个教室内部署两个 AP，为避免这两个 AP 互相干扰，可采取的措施是（　　）。

    A. 降低 AP 的发射功率　　　　　　B. 配置不同的 SSID

    C. 使用不同的频段　　　　　　D. 提高 AP 的发射功率

（4）关于无线漫游，以下说法错误的有（　　）。（多选）

    A. 漫游会导致无线终端更换无线接入点

    B. 漫游时，无线终端的信道保持不变

    C. 漫游时，无线终端的 IP 地址保持不变

    D. 漫游时，无线终端通信不中断

# 项目6
# 微企业无线局域网的安全配置

# 06

扩展知识

## 项目描述

Jan16 公司满足了内部员工的移动办公需求，但为了方便员工使用，在网络建设完成初期并没有对网络进行接入控制。这导致非公司内部员工不需要输入用户名和密码就可以接入网络，进而接入公司内部网络。外来人员接入公司内部网络给公司的信息安全带来了隐患，同时随着接入人数的增加，公司无线网络的传输速率也变得越来越慢。为了解决以上问题，公司要求网络管理员加强对无线网络的安全管理，仅允许内部员工访问。

微型企业无线网络通常仅使用 Fat AP 进行组网，这种组网方式可以通过以下几种方法来构建一个安全的无线网络。

（1）对公司无线网络实施安全加密认证，内部员工访问公司无线网络需要输入密码才可以关联无线 SSID。

（2）为了避免所有人都可以搜索到公司的无线 SSID 信号，对无线网络实施隐藏 SSID 功能，防止无线信号外泄。

（3）为了防止非本公司的无线终端访问公司内部网络从而造成信息泄露，对现有无线网络配置白名单，仅允许已注册的无线终端接入网络。

## 项目相关知识

### 6.1 WLAN 安全威胁

WLAN 以无线信道作为传输媒介，利用电磁波在空气中传播收发数据，从而实现了传统有线局域网的功能。与传统的有线接入方式相比，WLAN 部署相对简单，维护成本也相对低廉，因此应用前景十分广阔。然而由于 WLAN 传输媒介的特殊性和其固有的安全缺陷，用户的数据面临被窃听和篡改的危险，因此 WLAN 的安全问题成为制约其推广的重要障碍。

WLAN 常见的安全威胁有以下几个方面。

**1. 未经授权使用网络服务**

最常见的 WLAN 安全威胁就是未经授权的非法用户使用 WLAN。非法用户未经授权使用 WLAN 并同合法用户共享带宽，会影响合法用户的使用体验，甚至可能泄露合法用户的用户信息。

**2. 非法 AP**

非法 AP 是指未经授权部署在企业 WLAN 中干扰网络正常运行的 AP。如果非法 AP 配置了正确的有线等效保密（Wired Equivalent Privacy，WEP）密钥，就可以捕获客户端数据。经过配置后，非法 AP 可为未授权用户提供接入服务，可让未授权用户捕获和伪造数据报，甚至可允许未授权用户访问服务器和文件。

**3. 数据安全**

相比于以前的有线局域网，WLAN 采用无线通信技术，用户的各类信息在无线网络中传输会更容易被窃听、获取。

**4. 拒绝服务攻击**

拒绝服务（Denial of Service，DoS）攻击不以获取信息为目的，入侵者只是想让目标机器停止提供服务。因为 WLAN 采用电磁波传输数据，理论上只要在有信号的范围内攻击者就可以发起攻击。这种攻击方式隐蔽性好，实现容易，防范困难，是终极攻击方式之一。

## 6.2 WLAN 主要安全手段

IEEE 802.11 无线网络一般作为连接 IEEE 802.3 有线网络的入口。为保护入口的安全，确保只有授权用户才能通过无线 AP 访问网络资源，必须采用有效的认证技术。在 WLAN 用户通过认证并被赋予访问权限后，网络必须保护用户所传送的数据不被泄露，其主要方法是对数据报文进行加密。目前，WLAN 的安全技术有 WEP、Wi-Fi 保护接入（Wi-Fi Protected Access，WPA）、WPA2、WPA3、无线局域网鉴别与保密基础结构（WLAN Authentication and Privacy Infrastructure，WAPI）等，都能通过加密手段和认证手段来提高网络的安全性。

**1. WEP**

WEP 用于保护无线局域网中的授权用户所传输的数据的安全性，防止这些数据被窃听。WEP 的加密手段则是采用里维斯特密码 4（Rivest Cipher 4，RC4）算法对传输的数据进行加密，加密密钥长度有 64 位和 128 位两种，其中有 24 位的 IV（初始向量）是由系统产生的，所以 AP 和 STA 上配置的密钥长度是 40 位或 104 位，这个密钥就是在接入网络时所需要输入的 Wi-Fi 密码。WEP 加密采用静态的密钥，接入同一 SSID 的所有 STA 使用相同的密钥访问无线网络。WEP 采用的认证手段有开放认证和密钥认证两种。

- 开放认证：用户不经过认证即可接入网络。
- 密钥认证：用户需要输入密码才能接入网络。

密钥认证要求 STA 必须支持 WEP，STA 与 AP 必须配置匹配的静态 WEP 密钥。如果双方的静态 WEP 密钥不匹配，STA 就无法通过认证。共享密钥认证过程中，采用共享密钥认证的无线接口之间需要交换质询消息，通信双方总共需要交换 4 个认证帧，如图 6-1 所示。

图 6-1　共享密钥认证过程

（1）STA 向 AP 发送认证请求认证帧。

（2）AP 向 STA 返回包含明文质询消息的第 2 个认证帧，质询消息长度为 128 字节，由 WEP 密钥流生成器利用随机密钥和初始向量产生。

（3）STA 使用静态 WEP 密钥将质询消息加密，并通过认证帧发给 AP，即第 3 个认证帧。

（4）AP 收到第 3 个认证帧后，将使用静态 WEP 密钥对其中的质询消息进行解密，并与原始质询消息进行比较。若两者匹配，AP 将会向 STA 发送第 4 个也是最后一个认证帧，确认 STA 成功通过认证；若两者不匹配或 AP 无法解密质询消息，AP 将拒绝 STA 的认证请求。

STA 成功通过共享密钥认证后，将采用同一静态 WEP 密钥加密随后的 802.11 数据帧与 AP 通信。

共享密钥认证看似安全性比开放认证要高，但是实际上存在着巨大的安全漏洞。如果入侵者截获 AP 发送的明文质询消息以及 STA 返回的加密质询消息，就可能从中提取出静态 WEP 密钥。入侵者一旦掌握静态 WEP 密钥，就可以解密所有数据帧，网络对入侵者将再无秘密可言。因此，WEP 共享密钥认证方式难以为企业 WLAN 提供有效保护，目前已经不再使用。

## 2. WPA/WPA2

起初制定 WPA 时，在 WEP 的基础上提出了时限密钥完整性协议（Temporal Key Integrity Protocol，TKIP），该协议的核心加密算法还是采用 RC4。而 WPA2 作为 WPA 的第 2 版，提出了计数器模式密码块链消息完整码协议（Counter Mode with Cipher-Block

Chaining Message Authentication Code Protocol，CCMP），在核心加密算法中引入了高级加密标准（Advanced Encryption Standard，AES），Wi-Fi 产品需要采用 AES 的芯片组来支持 WPA2。

如今，为了实现更好的兼容性，WPA 和 WPA2 都可以使用 TKIP 或 CCMP，它们之间的不同主要表现在协议报文格式上，在安全性上几乎没有差别。

WPA/WPA2 采用的认证手段相同，都是预共享密钥（Pre-Shared Key，PSK）认证和可扩展认证协议（Extensible Authentication Protocol，EAP）认证两种认证手段。

• PSK 认证：用户通过输入预共享密钥即可接入网络；在不同的终端设备上对该认证手段称呼不一，有 WPA/WPA2 个人版、WPA/WPA2-Personal、WPA/WPA2-Passphrase 等。

• EAP 认证：需要使用远程身份认证拨号用户服务（Remote Authentication Dial-In User Service，RADIUS）服务器对用户进行认证；在不同的终端设备上对该认证手段称呼不一，有 WPA/WPA2 企业版、WPA/WPA2 企业 AES、WPA/WPA2 Enterprise 认证、WPA/WPA2 802.1X 认证、WPA/WPA2 RADIUS 认证等。

WPA/WPA2 定义的 PSK 认证是一种弱认证手段，很容易受到暴力字典（通过大量猜测和穷举的方式来尝试获取用户口令的攻击方式）的攻击。虽然这种简单的 PSK 认证是为小型无线网络设计的，但实际上很多企业也使用 WPA/WPA2。由于所有 STA 上的 PSK 都是相同的，如果用户不小心将 PSK 泄露，WLAN 的安全性将受到威胁。为保证安全，所有 STA 就必须重新配置一个新的 PSK。

目前 WPA2 已经成为一种强制性的标准，基本所有的 Wi-Fi 产品都支持 WPA2，家庭所使用的 Wi-Fi 产品基本都采用 WPA2 PSK 认证。

### 3. WPA3

WPA2 在 2017 年被发现存在安全漏洞，采用 WPA2 进行加密的 Wi-Fi 网络可能会遭受密钥重装攻击（Key Reinstallation Attack，KRACK），攻击者利用这个漏洞诱导用户重新安装已使用过的密钥，并通过一系列手段破解用户密钥，从而实现对用户网络的完全访问。

为了应对这一安全漏洞，Wi-Fi 联盟于 2018 年 1 月 8 日发布新的 Wi-Fi 加密协议——WPA3，它是 WPA2 的后续版本。WPA3 在 WPA2 的基础上进行改进，增加了许多新功能，提供了更强大的加密保护功能。根据 Wi-Fi 网络的用途和安全需求不同，WPA3 分为 WPA3 个人版、WPA3 企业版以及针对开放性 Wi-Fi 网络的机会性无线加密（Opportunistic Wireless Encryption，OWE）认证等。

（1）WPA3 个人版：WPA3 个人版采用更加安全的对等实体同时验证（Simultaneous Authentication of Equals，SAE）取代了 WPA2 个人版采用的预先设置共享密钥的 PSK 认证。SAE 协议在密钥认证的四次握手前增加了 SAE 握手，使得每次协商的成对主密钥（Pairwise Master Key，PMK）都是不同的，也就保证了密钥的随机性，能够有效地防止 KRACK 攻击。同时，SAE 协议会直接拒绝服务多次尝试发起连接的终端，有效地防止暴力字典的攻击。

（2）WPA3 企业版：WPA3 企业版在 WPA2 企业版的基础上，添加了一种更加安全的可选模式——WPA3-Enterprise 192bit，该模式提供了更强的安全保护。

（3）OWE 认证：在开放性无线网络中，用户无须输入密码即可接入网络，用户与 Wi-Fi 网络的数据传输也是未加密的，这会增加非法攻击者接入网络的风险。WPA3 在开放认证方式的基础上，提出了一种增强型开放网络认证方式。该认证方式下，用户仍然无需输入密码即可接入网络，保留了开放式 Wi-Fi 网络用户接入的便利性。同时，OWE 采用密钥交换算法在用户和 Wi-Fi 设备之间交换密钥，为用户与 Wi-Fi 网络的数据传输进行加密，保护用户数据的安全。

### 4．WAPI

WAPI 是我国提出的、以 802.11 无线协议为基础的无线安全标准。WAPI 能够提供比 WEP 和 WPA 更强的安全性，WAPI 协议由以下两部分构成。

无线局域网鉴别基础结构（WLAN Authentication Infrastructure，WAI）：用于无线局域网中身份鉴别和密钥管理的安全方案。

无线局域网保密基础结构（WLAN Privacy Infrastructure，WPI）：用于无线局域网中数据传输保护的安全方案，包括数据加密、数据鉴别和重放保护等功能。

## 6.3  WLAN 加密技术

### 1．SSID 隐藏

SSID 隐藏可将无线网络的逻辑名隐藏起来。AP 启用 SSID 隐藏后，STA 扫描 SSID 时将无法获得 SSID 信息。因此，STA 必须手动设置与 AP 相同的 SSID 才能与 AP 进行关联。如果 STA 出示的 SSID 与 AP 的 SSID 不同，那么 AP 将拒绝 STA 接入。

SSID 隐藏适用于某些企业或机构需要支持大量访客接入的场景。企业园区无线网络可能存在多个 SSID，如员工、访客等。为尽量避免访客连错网络，园区通常会隐藏员工 SSID，同时广播访客 SSID。此时访客尝试连接无线网络时只能看到访客 SSID，从而尽量避免访客连接到员工网络。

尽管 SSID 隐藏可以在一定程度上防止普通用户搜索到无线网络，但只要入侵者使用二层无线协议分析软件拦截到任何合法 STA 发送的帧，就能获得以明文形式传输的 SSID。因此，只使用 SSID 隐藏策略来保证无线局域网安全是不行的。

### 2．黑白名单认证（MAC 地址认证）

黑白名单认证是一种基于端口和 MAC 地址对 STA 的网络访问权限进行控制的认证方法，不需要 STA 安装任何客户端软件。802.11 设备都具有唯一的 MAC 地址，因此可以通过检验 802.11 设备数据分组的源 MAC 地址来判断其合法性，过滤不合法的 MAC

地址，仅允许特定的 STA 发送的数据分组通过。MAC 地址过滤要求预先在 AP 中输入合法的 MAC 地址列表，只有当 STA 的 MAC 地址和合法 MAC 地址列表中的地址匹配时，AP 才允许用户设备与之通信，实现 MAC 地址过滤。MAC 地址认证如图 6-2 所示，STA1 的 MAC 地址不在 AP 的合法 MAC 地址列表中，因而不能接入 AP；而 STA2 和 STA3 的 MAC 地址分别与合法 MAC 地址列表中的第 4 个、第 3 个 MAC 地址完全匹配，因而可以接入 AP。

合法MAC地址列表
MAC地址1：0811.966E.1A8F
MAC地址2：0811.966E.23A9
MAC地址3：0811.966E.6C9A
MAC地址4：0811.966E.66E1

STA1
MAC地址：0811.966E.23A1

STA2
MAC地址：0811.966E.66E1

STA3
MAC地址：0811.966E.6C9A

图 6-2　MAC 地址认证

"白名单"的概念与"黑名单"相对应。启用黑名单后，被列入黑名单的 STA 不能通过。如果设立了白名单，则在白名单中的 STA 会被允许通过，没有在白名单中列出的 STA 将被拒绝访问。

然而，由于很多无线网卡支持重新配置 MAC 地址，MAC 地址很容易被伪造或复制。只要将 MAC 地址伪装成某个出现在允许列表中的 STA 的 MAC 地址，就能轻易绕过 MAC 地址过滤。为所有 STA 配置 MAC 地址过滤的工作量较大，而 MAC 地址又易于伪造，因此 MAC 地址过滤无法成为一种可靠的无线安全解决方案。

# 项目规划设计

## 项目拓扑

公司原有网络是通过 DHCP 管理客户端 IP 地址的，网关和 DHCP 地址池都放置于核心交换机中。因 IP 地址需统一管理，公司网络管理员需要将无线用户的网关和 DHCP 地址池配置在核心交换机上。同时，需要在 AP 上配置 WLAN 加密、隐藏 SSID、全局白名单等功能以提高网络的安全性。微企业无线局域网安全配置网络拓扑如图 6-3 所示。

设备管理网段：192.168.99.0/24
无线用户网段：192.168.10.0/24

图 6-3　微企业无线局域网安全配置网络拓扑

## 项目规划

根据图 6-3 进行项目的业务规划，项目 6 的 VLAN 规划、设备管理规划、端口互联规划、IP 地址规划、WLAN 规划、Radio 规划见表 6-1～表 6-6。

表 6-1　项目 6 VLAN 规划

| VLAN | VLAN 命名 | 网段 | 用途 |
| --- | --- | --- | --- |
| VLAN 10 | USER | 192.168.10.0/24 | 无线用户网段 |
| VLAN 99 | Mgmt | 192.168.99.0/24 | 设备管理网段 |

表 6-2　项目 6 设备管理规划

| 设备类型 | 型号 | 设备命名 | 用户名 | 密码 | 特权密码 |
| --- | --- | --- | --- | --- | --- |
| 无线接入点 | AP720 | AP | admin | Jan16 | Jan16 |
| 交换机 | S5750 | SW | admin | Jan16 | Jan16 |

表 6-3　项目 6 端口互联规划

| 本端设备 | 本端端口 | 端口配置 | 对端设备 | 对端端口 |
| --- | --- | --- | --- | --- |
| AP | G0/1 | encapsulation dot1Q 99 | SW | G0/1 |
| AP | G0/1.10 | encapsulation dot1Q 10 | | |
| SW | G0/1 | trunk native vlan 99 | AP | G0/1 |

表 6-4　项目 6 IP 地址规划

| 设备 | 接口 | IP 地址 | 用途 |
| --- | --- | --- | --- |
| SW | VLAN 10 | 192.168.10.1/24～192.168.10.253/24 | 通过 DHCP 分配给无线用户 |
| | | 192.168.10.254/24 | 无线用户网段网关 |
| | VLAN 99 | 192.168.99.254/24 | 设备管理网段网关 |
| AP | VLAN 99 | 192.168.99.1 | AP 管理 |

表 6-5　项目 6 WLAN 规划

| WLAN ID | SSID | 加密方式 | 密码 | 是否广播 |
|---|---|---|---|---|
| 1 | Jan16 | WPA2 | 12345678 | 否 |

表 6-6　项目 6 Radio 规划

| AP 名称 | 接口 | WLAN ID | VLAN ID | 频率与信道 | 功率 |
|---|---|---|---|---|---|
| AP | Dot11radio 1/0 | 1 | 10 | 2.4GHz，自动调优（默认） | 100%（默认） |
| | Dot11radio 2/0 | 1 | 10 | 5GHz，自动调优（默认） | 100%（默认） |

## 项目实践

### 任务 6-1　微企业交换机的配置

微课视频

#### 任务描述

本任务中，交换机的配置包括以下内容。

（1）远程管理配置：配置远程登录和管理密码，以方便后期维护时远程登录。

（2）VLAN 和 IP 地址配置：创建 VLAN，配置 IP 地址。VLAN 10 的 IP 地址作为用户网关地址，VLAN 99 的 IP 地址作为设备远程管理 IP 地址。

（3）端口配置：配置与 AP 互联的端口为 Trunk 模式，并配置端口默认 VLAN，用户的 VLAN 通过 Trunk 到达 AP，管理的 VLAN 通过默认 VLAN 到达 AP。

（4）DHCP 服务配置：开启核心设备的 DHCP 服务功能，创建用户的 DHCP 地址池，用户接入网络后可以自动获取 IP 地址。

#### 任务操作

**1. 远程管理配置**

配置远程登录和管理密码。

```
Ruijie#configure terminal                        //进入全局配置模式

SW(config)#hostname SW                           //配置设备名称

SW(config)#username admin password Jan16         //创建用户名和密码

SW(config)#enable password Jan16                 //设置特权模式密码

SW(config)#line vty 0 4                           //进入虚拟终端线路 0～4

SW(config)#login local                           //采用本地用户认证

SW(config)#exit                                   //退出
```

## 2. VLAN 和 IP 地址配置

创建 VLAN，配置 IP 地址。

```
SW(config)#vlan 10                                    //创建 VLAN 10
SW(config-vlan)#name USER                             //VLAN 命名为 USER
SW(config-vlan)#exit                                  //退出
SW(config)#vlan 99                                    //创建 VLAN 99
SW(config-vlan)#name Mgmt                             //VLAN 命名为 Mgmt
SW(config-vlan)#exit                                  //退出
SW(config)#interface vlan 10                          //进入 VLAN 10
SW(config-if-vlan 10)#ip address 192.168.10.254 24    //配置 IP 地址
SW (config-if-vlan 10)#exit                           //退出
SW(config)#interface vlan 99                          //进入 VLAN 99
SW(config-if-vlan 99)#ip address 192.168.99.254 24    //配置 IP 地址
SW (config-if-vlan 99)#exit                           //退出
```

## 3. 端口配置

配置与 AP 互联的端口为 Trunk 模式，并配置端口默认 VLAN。

```
SW(config)#interface GigabitEthernet 0/1              //进入 G0/1 端口
SW(config-if)#switchport mode trunk                   //配置端口链路模式为 Trunk
SW(config-if)#switchport trunk native vlan 99         //配置端口默认 VLAN 为 VLAN 99
SW(config-if)#exit                                    //退出
```

## 4. DHCP 服务配置

开启核心设备的 DHCP 服务功能，创建用户的 DHCP 地址池。

```
SW(config)#service dhcp                               //开启 DHCP 服务
SW(config)# ip dhcp pool vlan10                       //创建 VLAN 10 的地址池
SW(dhcp-config)#network  192.168.10.0 255.255.255.0   //配置分配的 IP 地址段
SW(dhcp-config)# default-router 192.168.10.254        //配置分配的网关地址
SW(dhcp-config)# dns-server 8.8.8.8                   //配置分配的 DNS 地址
SW(dhcp-config)#exit                                  //退出
```

## 任务验证

（1）在交换机上使用"show ip interface brief"命令查看交换机的 IP 地址信息，如下所示。

```
SW#show ip interface brief
interface        IP-Address(Pri)    IP-Address(Sec)    Status
```

```
（省略部分内容……）
vlan 10          192.168.10.254       no address          up
vlan 99          192.168.99.254       no address          up
（省略部分内容……）
```

可以看到两个 VLAN 都已经配置了 IP 地址。

（2）在交换机上使用"show interfaces switchport"查看端口的 VLAN 信息，如下所示。

```
SW#show interfaces switchport
-------------- -------- ------ ------ ------ ---------- ----------
Interface        Switchport Mode   Access  Native  Protected   VLAN lists
GigabitEthernet 0/1 enable TRUNK    1       99      Disabled    ALL
GigabitEthernet 0/2 enable ACCESS   1       1       Disabled    ALL
（省略部分内容……）
```

可以看到 G0/1 的链路模式为"TRUNK"，并且 Native VLAN 为 VLAN 99。

## 任务 6-2   微企业 AP 的配置

微课视频

### 任务描述

本任务中，AP 的配置包括以下内容。

（1）远程管理配置：配置远程登录和管理密码，以方便后期维护时远程登录。

（2）VLAN 和 IP 地址配置：创建 VLAN，配置 IP 地址，作为 AP 管理地址。

（3）端口配置：配置与上联交换机互联的端口封装 VLAN，让用户 VLAN 和管理 VLAN 可以通过该接口到达交换机。

（4）WLAN 配置：创建 WLAN 并定义 SSID， SSID 作为无线信号被释放出来，用户可关联无线信号加入 WLAN。

（5）天线配置：进入无线射频卡接口封装 VLAN 和关联 WLAN，加入 WLAN 的用户属于所封装的 VLAN。

### 任务操作

#### 1. 远程管理配置

配置远程登录和管理密码。

```
Ruijie(config)#hostname AP                    //配置设备名称
AP(config)#username admin password Jan16      //创建用户名和密码
```

```
AP(config)#enable password Jan16                    //设置特权模式密码
AP(config)# line vty 0 4                             //进入虚拟终端线路 0～4
AP(config-line)#login local                         //采用本地用户认证
AP(config)#exit                                      //退出
```

## 2. VLAN 和 IP 地址配置

创建 VLAN，配置 IP 地址作为 AP 管理地址。

```
AP(config)#vlan 10                                  //创建 VLAN 10
AP(config-vlan)#name USER                           //VLAN 命名为 USER
AP(config-vlan)#exit                                //退出
AP(config)#vlan 99                                  //创建 VLAN 99
AP(config-vlan)#name Mgmt                           //VLAN 命名为 Mgmt
AP(config-vlan)#exit                                //退出
AP(config)#interface bvi 99                         //进入 VLAN 99
AP(config-if-BVI 99)#ip address 192.168.99.1 24         //配置 IP 地址
AP(config-if-BVI 99)#exit                               //退出
AP(config)#ip route 0.0.0.0 0.0.0.0 192.168.99.254     //配置默认路由
```

## 3. 端口配置

配置与上联交换机互联的端口封装 VLAN，创建虚拟端口 G0/1.10 并封装用户 VLAN。

```
AP(config)#interface gigabitethernet 0/1        //进入 G0/1 端口
AP(config-if)#encapsulation dot1Q 99    //配置端口封装 VLAN 99（需要与上联设备
的 Native VLAN 相对应）
AP(config-if)#exit                              //退出
AP(config)#interface gigabitethernet 0/1.10     //进入 G0/1.10 端口
AP(config-subif)#encapsulation dot1Q 10         //配置端口封装 VLAN 10
AP(config-subif)#exit                           //退出
```

## 4. WLAN 配置

创建 WLAN 并定义 SSID。

```
[AP(config)#dot11 wlan 1                         //创建 WLAN 1
AP(dot11-wlan-config)#ssid Jan16                 //定义 SSID
AP(dot11-wlan-config)#exit                       //退出
```

## 5. 天线配置

进入无线射频卡接口封装 VLAN 和关联 WLAN。

```
AP(config)#interface dot11radio 1/0                 //进入 Dot11radio 1/0
AP(config-if-Dot11radio 1/0)#encapsulation dot1Q 10   //配置封装 VLAN 10
```

```
AP(config-if-Dot11radio 1/0)#wlan-id 1              //配置关联 WLAN 1

AP(config-if-Dot11radio 1/0)#exit                   //退出

AP(config)#interface dot11radio 2/0                 //进入 Dot11radio 2/0

AP(config-if-Dot11radio 2/0)#encapsulation dot1Q 10    //配置封装 VLAN 10

AP(config-if-Dot11radio 2/0)#wlan-id 1              //配置关联 WLAN 1

AP(config-if-Dot11radio 2/0)#exit                   //退出
```

## 任务验证

在 AP 上使用 "show dot11 wlan 1" 命令查看 WLAN 的配置信息，如下所示。

```
AP#show dot11 wlan 1

Network Name (SSID): Jan16

    Interface.................... Dot11radio 1/0

    Vlan (group) id.............. 10

    MAC Address.................. 0605.880c.5773

    Beacon Period................ 100

    RTS Threshold................ 2347

    Fragment Threshold........... 2346

    Radio Mode................... 11ng_ht20

    Channel...................... 2412(1)

    Noise Floor.................. -108 dBm

    Channel width................ 20MHz

    Current Tx Power Level....... 50%

(省略部分内容……)

Network Name (SSID): Jan16

    Interface.................... Dot11radio 2/0

    Vlan (group) id.............. 10

    MAC Address.................. 0605.880c.5774

    Beacon Period................ 100

    RTS Threshold................ 2347

    Fragment Threshold........... 2346

    Radio Mode................... 11ac_vht20_5g

    Channel...................... 5745(149)

    Noise Floor.................. -106 dBm

    Channel width................ 20MHz
```

```
Current Tx Power Level....... 50%
```

（省略部分内容……）

可以看到已经创建了"Jan16"SSID。

## 任务 6-3　微企业无线局域网的安全配置

微课视频

### 任务描述

本任务中，WLAN 的安全配置包括以下内容。

（1）WLAN 加密配置：对 WLAN 开启 WPA2 加密，配置无线密码，用户连接 SSID 时需要输入正确的密码才能连接无线网络。

（2）隐藏 SSID 配置：将无线 SSID 调整为非广播模式，用户需要手动输入 SSID 才可连接无线网络。

（3）全局白名单配置：进入 WIDS 模式将 MAC 地址添加到白名单，允许合法用户加入无线网络。

### 任务操作

#### 1. WLAN 加密配置

对 WLAN 开启 WPA2 加密，设置 PSK。

```
AP (config)#wlansec 1                          //进入 WLAN 1 的安全配置模式
（仅对 wlan 1 生效）
AP (config-wlansec)#security rsn enable        //开启无线加密功能
AP(config-wlansec)#security rsn ciphers aes enable      //无线启用 AES 加密
AP (config-wlansec)#security rsn akm psk enable //无线启用共享密钥认证方式
AP (config-wlansec)#security rsn akm psk set-key ascii 12345678 //配置无线密码
AP (config-wlansec)#exit                       //退出
```

#### 2. 隐藏 SSID 配置

将无线 SSID 调整为非广播模式。

```
AP(config)#dot11 wlan 1                        //进入 WLAN 1
AP(dot11-wlan-config)#no broadcast-ssid        //关闭无线网络广播
AP(dot11-wlan-config)#exit                     //退出
```

#### 3. 全局白名单配置

进入 WIDS 模式将 MAC 地址添加到白名单。

```
AP(config)#wids                                //进入 WIDS 模式
```

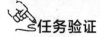

```
   AP(config-wids)#whitelist mac-address 0023.cdaa.402e   //允许接入无线网络的
MAC 地址，MAC 地址以测试 PC 为准
   AP(config-wids)#exit                                    //退出
```

## 任务验证

（1）在 AP 上使用"show wlan security 1"命令查看所有 WLAN 的安全配置信息，如下所示。

```
AP#show wlan security 1
WLAN SSID            : Jan16
Security Policy      : PSK
WPA version          : RSN(WPA2)
AKM type             : preshare key
pairwise cipher type : AES
group cipher type    : AES
wpa_passhraselen     : 8
wpa_passphrase       : 4a 61 6e 31 36 31 32 33
group key            : 22 9d 48 11 d5 bf 06 07 81 54 c4 a9 e4 c8 1f 30
```

可以看到"Jan16"SSID 的安全策略为"PSK"，WPA 版本为"RSN(WPA2)"，加密方式为"AES"。

（2）在 AP 上使用"show wids whitelist"命令查看白名单信息，如下所示。

```
AP#show wids whitelist

------------- White list Information ----------------
Total num:1
NUM          MAC-ADDRESS
1            0023.cdaa.402e
```

可以看到已经在白名单中添加了 MAC 地址"0023.cdaa.402e"。

## 项目验证

微课视频

（1）用 PC1 连接隐藏的网络，输入"Jan16"，单击"下一步"按钮，如图 6-4 所示。

（2）输入网络安全密钥，单击"下一步"按钮，如图 6-5 所示。

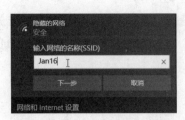

图 6-4　PC1 连接隐藏的网络　　　　图 6-5　输入网络安全密钥

（3）按【Windows+X】组合键，在弹出的菜单中选择"Windows PowerShell"命令，打开"Windows PowerShell"窗口，使用"ipconfig"命令查看获取的 IP 地址信息，如图 6-6 所示。

图 6-6　查看获取的 IP 地址信息

（4）用 PC2 连接 SSID，将弹出"无法连接到这个网络"的提示，如图 6-7 所示。因为 PC2 并没有在白名单中，所以无法连接到 SSID。

图 6-7　PC2 无法连接到 SSID

## 📐 项目拓展

（1）WLAN 架构体系中，与无线网卡连接的设备为（　　）。

　　A．AP　　　　　B．AC　　　　　C．AS　　　　　D．SW

（2）无线局域网的安全黑白名单配置可以基于（　　）进行配置。（多选）

　　A．WIDS 模式　B．MAC 地址　　C．SSID　　　　D．IP 地址

# 项目7
## 常见无线AP产品类型及典型应用场景

**07**

## 项目描述

扩展知识

随着"无线城市"等项目的逐步推进,无线网络覆盖项目在各行业全面铺开,我国将逐步实现城市无线网络全覆盖、城镇重点区域无线网络全覆盖。

部署无线网络是为了让用户能随时随地使用手机或者笔记本计算机等设备上网,获得良好的上网体验。目前,在家庭、办公室、车站、会议室、体育馆等场所基本实现了无线网络覆盖。那么,在这些场所覆盖无线网络,使用的无线产品是不是都一样呢?显然不是,针对不同的应用场景,不同的无线网络的覆盖范围、人员密度、工作环境、接入带宽等需求,厂商推出了不同的无线产品来解决无线网络覆盖问题。

在实际工作中,面对客户无线网络部署项目的具体需求,网络工程师需要根据无线网络应用场景选择合适的无线产品进行项目规划与设计,因此,网络工程师需要熟悉不同类型的无线产品和应用场景。

无线网络主要涉及以下产品。

(1)无线接入控制器(Access Controller,AC)。

(2)无线 AP,包括放装型无线 AP、墙面型无线 AP、室外无线 AP、智分型无线 AP、轨道交通场景专用无线 AP。

(3)有源以太网(Power over Ethernet,PoE)供电设备,包括 PoE 交换机、PoE 适配器。

综合各类无线网络部署的项目经验,本项目将重点介绍以下典型无线网络部署应用场景。

(1)高校场景。

(2)酒店场景。

(3)医疗场景。

(4)轨道交通场景。

## 📝 项目相关知识

### 7.1　无线 AC

无线 AC 是一种网络设备，用于集中化控制无线 AP，是无线网络的核心，负责管理无线网络中的所有无线 AP。对无线 AP 的管理包括下发配置、修改相关配置参数、射频智能管理、接入安全控制等。无线 AC 产品（RG-WS6008）外观如图 7-1 所示。

图 7-1　无线 AC 产品（RG-WS6008）外观

无线 AC 可以管理多个 AP，根据管理 AP 的数量、接入带宽、转发能力等指标的差异，厂商提供了多种型号的产品供用户选择。锐捷常见的无线 AC 产品及主要参数见表 7-1。

表 7-1　锐捷常见的无线 AC 产品及主要参数

| 产品型号 | 接入带宽 | 转发能力/Gbit·s⁻¹ | 可管理用户数 | 默认/最大 AP 管理数 |
|---|---|---|---|---|
| RG-WS6008 | 千兆 | 8 | 7168 | 32/448 |
| RG-WS6816 | 万兆 | 48 | 51200 | 128/4352 |
| RG-WS7880 | 万兆 | 100 | 262144 | 128/10240 |

### 7.2　放装型无线 AP

放装型无线 AP 是 WLAN 市场上通用性最强的产品之一。放装型无线 AP 产品（RG-AP720-L）外观如图 7-2 所示。该产品的主要特点为接入带宽高、可接入用户数大，是典型的高密度场景部署产品。因此，放装型无线 AP 适用于建筑结构较简单、无特殊阻挡物品、用户相对集中的场景和接入用户数较多的区域，例如会议室、图书馆、教室、休闲中心等场景。该类型设备可根据不同环境灵活部署。

针对最高传输速率、推荐/最大接入数等性能指标，厂商推出了不同性能的产品。例如，锐捷主要的放装型无线 AP 产品见表 7-2。

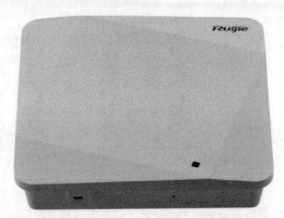

图 7-2　放装型无线 AP 产品（RG-AP720-L）外观

表 7-2　锐捷主要的放装型无线 AP 产品

| 产品型号 | 最大功耗/W | 无线协议标准 | 最高传输速率 | 推荐/最大接入数 |
|---|---|---|---|---|
| RG-AP720-L | 12.95 | Radio1：IEEE 802.11b/g/n；<br>Radio2：IEEE 802.11a/n/ac | Radio1：300Mbit/s；<br>Radio2：867Mbit/s；<br>整机：1.167Gbit/s | 32/256 |
| RG-AP730-I | 25.5 | Radio1：IEEE 802.11b/g/n；<br>Radio2：IEEE 802.11a/n/ac；<br>Radio3：IEEE 802.11a/n/ac | Radio1：400Mbit/s；<br>Radio2+3：1.73Gbit/s；<br>整机：2.13Gbit/s | 100/768 |
| RG-AP840-I(V2) | 40 | Radio1：IEEE 802.11b/g/n/ax；<br>Radio2：IEEE 802.11a/n/ac/ax | Radio1：575Mbit/s；<br>Radio2：4.8Gbit/s；<br>整机：5.375Gbit/s | 128/1024 |
| RG-AP850-I(V2) | 25.5 | Radio1：IEEE 802.11b/g/n/ax；<br>Radio2：IEEE 802.11a/n/ac；<br>Radio3：IEEE 802.11a/n/ac/ax | Radio1：1.15Gbit/s；<br>Radio2：867Mbit/s；<br>Radio3：4.8Gbit/s；<br>整机：6.817Gbit/s | 192/1536 |

　　放装型无线 AP 一般安装在室内。在有吊顶的室内环境部署时，通常采用吊顶安装，其他环境通常采用壁挂式安装。

## 7.3　墙面型无线 AP

　　墙面型无线 AP 是胖瘦一体化的迷你型无线 AP。它采用国标 86mm 面板设计，可以安装到 86 底盒上。常见的墙面型无线 AP 和 86 底盒外观如图 7-3 所示。

　　在无线网络建设中，常常会遇到一些单位已经部署了有线网络的情况。由于无线网络的部署也需要进行综合布线，施工较为麻烦且有可能破坏原有的室内外装饰，因此，很多单位都希望能利用原有的有线网络进行无线网络部署。这既能满足增加无线网络覆盖的需求，又能确保原有有线网络的正常使用。

（a）墙面型无线 AP        （b）86 底盒

图 7-3 墙面型无线 AP 和 86 底盒外观

PoE 也被称为基于局域网的供电系统，它可以利用已有以太网线缆传送数据，同时还能提供直流电。由于它在部署弱电系统时可以避免部署强电，因此被广泛应用于 IP 电话、网络摄像机、无线 AP 等基于 IP 地址的终端的部署。

因此，基于 PoE 技术可以利用原有有线网络来部署无线网络，只需要以下 3 个步骤就能快速实现无线网络覆盖。

（1）将楼层配线间的交换机更换为 PoE 交换机或者增加 PoE 适配器。

（2）拆去房间内原有的有线网络的接口面板。

（3）将原有网线插在墙面型无线 AP 上。

PoE 技术打破了以往无线网络建设的老旧方式，无须部署新的网线，可有效利用既有的网络，将对酒店、办公室等实际环境的影响降到最低。

墙面型无线 AP 的性能通常与它的大小成正比，属于仅供少量用户在较小区域接入的无线产品。针对酒店、办公室、宿舍等不同应用场景，厂商推出了不同类型的产品。例如，锐捷主要的墙面型无线 AP 产品见表 7-3。

表 7-3 锐捷主要的墙面型无线 AP 产品

| 产品型号 | 最大功耗/W | 无线协议标准 | 最高传输速率 | 推荐/最大接入数 |
|---|---|---|---|---|
| RG-AP130(W2) V2 | 8 | Radio1：IEEE 802.11b/g/n；<br>Radio2：IEEE 802.11a/n/ac | Radio1：300Mbit/s；<br>Radio2：867Mbit/s；<br>整机：1.167Gbit/s | 32/256 |
| RG-AP180-L | 8 | Radio1：IEEE 802.11b/g/n/ax；<br>Radio2：IEEE 802.11a/n/ac/ax | Radio1：575Mbit/s；<br>Radio2：1.2Gbit/s；<br>整机：1.775Gbit/s | 64/512 |
| RG-AP180(V3) | 10 | Radio1：IEEE 802.11b/g/n/ax；<br>Radio2：IEEE 802.11a/n/ac/ax | Radio1：575Mbit/s；<br>Radio2：2.4Gbit/s；<br>整机：2.975Gbit/s | 128/1024 |

## 7.4 室外无线 AP

室外无线 AP 一般采用全密闭防水、防尘、阻燃外壳设计，适合在室外环境中使用，可有效避免室外恶劣天气和环境影响，可高度适应我国北方寒冷天气与南方潮湿天气对设备的苛刻要求。

它适合部署在体育场、校园、企业园区等室外环境中，一般采用抱杆式安装。室外无线 AP 的构成包括室外 AP 主机、天线、防雷器等，如图 7-4 所示。

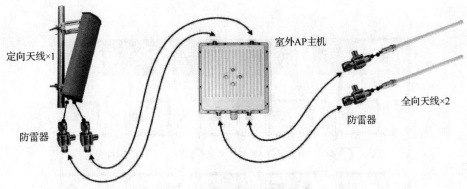

图 7-4　室外无线 AP 的构成

室外无线 AP 可以部署在楼顶或者楼宇中部，可结合全向天线和定向天线一起使用。在楼顶安装室外无线 AP 如图 7-5 所示，在楼宇中部安装室外无线 AP 如图 7-6 所示。

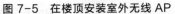

图 7-5　在楼顶安装室外无线 AP　　　　图 7-6　在楼宇中部安装室外无线 AP

针对最高传输速率、推荐/最大接入数等性能指标，厂商推出了不同性能的产品。例如，锐捷主要的室外无线 AP 产品见表 7-4。

表 7-4　锐捷主要的室外无线 AP 产品

| 产品型号 | 最大功耗/W | 无线协议标准 | 最高传输速率 | 推荐/最大接入数 |
|---|---|---|---|---|
| RG-AP630(IDA2) | 25 | Radio1：IEEE 802.11b/g/n/ac；Radio2：IEEE 802.11a/n/ac | Radio1：800Mbit/s；Radio2：1733Mbit/s；整机：2.533Gbit/s | 64/512 |
| RG-AP680(CD) | 12.95 | Radio1：IEEE 802.11b/g/n/ax；Radio2：IEEE 802.11a/n/ac/ax | Radio1：575Mbit/s；Radio2：1.2Gbit/s；整机：1.775Gbit/s | 128/1024 |

## 7.5　智分型无线 AP

在一些高密度部署的项目中，如果部署 3 台以上 AP，AP 间的相互干扰将导致无线网络访问性能下降。例如，在宿舍或酒店进行无线网络覆盖时，在走廊部署了 4 台 AP，如图 7-7 所示。

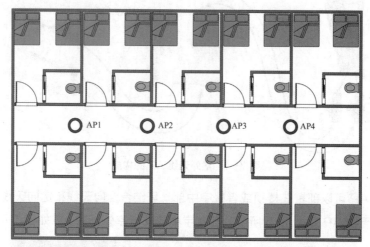

图 7-7　宿舍或酒店放装型无线 AP 点位设计

图 7-7 所示的无线 AP 点位设计将导致以下问题。

（1）走廊是一个相对密闭的空间，无线信号除了可以直接覆盖外，还可以通过反射覆盖整个走廊。由于这 4 台 AP 至少有两台处在同一个频段，因此，这两台同频段的 AP 发射的信号将高度重叠并导致严重的信号冲突。

（2）房间内用户接入走廊 AP 时需要穿过厚重的墙壁，信号较弱，用户接入速率较低。如果同时接入的用户数较多，那么用户接入速率将更低。

由此可知，在宿舍、酒店等大面积、长条型无线覆盖场景中，若部署 3 台以上放装型无线 AP 是不合理的。如果采用墙面型无线 AP，改为在每个房间里部署一台墙面型无线 AP，那么可以避免走廊信号冲突和房间信号弱、吞吐量低的问题。锐捷专门针对小开间、高密度、多隔断的场景开发解决方案，针对宿舍、酒店中的重度上网需求，采用多级分布式架构，可以将 AP 主机和射频单元（微 AP）彻底分离，这样不仅能够大幅提升系统可靠性，更能充分发挥无线射频性能和主机数据转发性能，并且满足静音和运维的需求。目前，该方案已被广泛应用在宿舍、酒店的无线网络。AP 主机产品外观如图 7-8 所示，微 AP 产品外观如图 7-9 所示。

针对推荐/最大接入数等性能指标，厂商推出了不同性能的产品。例如，锐捷主要的智分+主机产品见表 7-5，主要的智分+微 AP 产品见表 7-6。

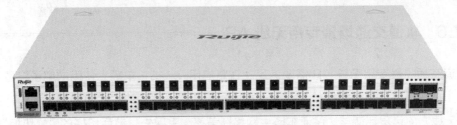

图 7-8　AP 主机产品外观

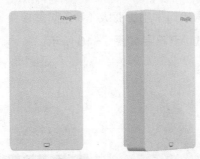

图 7-9　微 AP 产品外观

表 7-5　锐捷主要的智分+主机产品

| 系列 | 产品型号 | 最大功耗 | 上联业务端口 | 下联业务端口 | 推荐/最大接入数 |
|---|---|---|---|---|---|
| 无线星空方案 | RG-AM5528-SF | （空载）42W/（满载）<530W | 4 个 10G 光口 | 20 个 PoE 接口（最大功耗为 30W）；4 个 PoE 接口（最大功耗为 90W） | 192/1536 |
| 全光智分+ | RG-AM5552-SF(V2) | 必配 1000W 供电模块 | 4 个 10G 光口 | 48 个千兆光口 | 768/3072 |
| 智分+解决方案 | RG-AM5532 | （满载）<300W | 4 个 1G 电口、4 个 10G 光口 | 24 个千兆电口 | 256/2048 |

表 7-6　锐捷主要的智分+微 AP 产品

| 系列 | 产品型号 | 最大功耗/W | 无线协议标准 | 最高传输速率 | 推荐/最大接入数 |
|---|---|---|---|---|---|
| 无线星空方案 | RG-MAP852-SF-M | 11 | Radio1：IEEE 802.11b/g/n/ax；Radio2：IEEE 802.11a/n/ac/ax | Radio1：575Mbit/s；Radio2：2.4Gbit/s；整机：2.975Gbit/s | 32/256 |
| 全光智分+ | RG-MAP852-SF | — | Radio1：IEEE 802.11b/g/n/ax；Radio2：IEEE 802.11a/n/ac/ax | Radio1：575Mbit/s；Radio2：1.2Gbit/s；整机：1.775Gbit/s | 32/1024 |
| 智分+解决方案 | RG-MAP852(V3) | 9 | Radio1：IEEE 802.11b/g/n/ax；Radio2：IEEE 802.11a/n/ac/ax | Radio1：575Mbit/s；Radio2：2.4Gbit/s；整机：2.975Gbit/s | 32/1024 |

## 7.6 轨道交通场景专用无线 AP

轨道交通场景专用无线 AP 需要满足《铁路应用——机车车辆上使用的电子设备》（EN 50155）要求，支持快速切换技术，满足车地回传和车厢覆盖的网络部署要求。它外置双频天线，天线方向可灵活调整，保证车厢中网络覆盖率；采用先建链后切换的"软切换"技术，实现车地通信链路快速切换，同时最大可能地降低切换过程中的丢包率；采用高等级材质，整体散热设计，电源、以太网接口采用工业级 M12 防震接头，满足防震标准和防水、防火要求。轨道交通场景专用无线 AP 产品如图 7-10 所示。

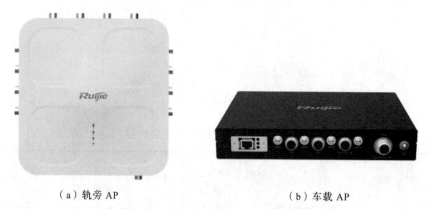

（a）轨旁 AP　　　　　　　　　　　　（b）车载 AP

图 7-10　轨道交通场景专用无线 AP 产品

针对最高传输速率、推荐/最大接入数等性能指标，厂商推出了不同性能的产品，例如，锐捷主要的轨道交通场景专用无线 AP 见表 7-7。

表 7-7　锐捷主要的轨道交通场景专用无线 AP

| 类型 | 产品型号 | 最大功耗/W | 无线协议标准 | 最高传输速率 | 推荐/最大接入数 |
|---|---|---|---|---|---|
| 轨旁AP | RG-AP680-AR | 50 | Radio1：IEEE 802.11b/g/n/ax；<br>Radio2：IEEE 802.11a/n/ac/ax；<br>Radio3：IEEE 802.11a/n/ac/ax；<br>Radio4：IEEE 802.11a/b/g/n/ac/ax | Radio1：1.15Gbit/s；<br>Radio2：4.8Gbit/s；<br>Radio3：4.8Gbit/s；<br>Radio4：300 Mbit/s /867Mbit/s；<br>整机：11.617Gbit/s | 192/1536 |
| 车载AP | RG-AP680-PIS | 24 | Radio1：IEEE 802.11b/g/n/ax；<br>Radio2：IEEE 802.11a/n/ac/ax | Radio1：575Mbit/s；<br>Radio2：4.8Gbit/s；<br>整机：5.375Gbit/s | 128/1024 |

## 项目实践

随着 Wi-Fi 终端的普及和 WLAN 建设规模的逐步加大，用户对 WLAN 的使用越来越广泛，业务需求呈多样化。场景化解决方案面向 WLAN 多样化的应用场景，可有针对性地推出产品形态与部署方式。目前 WLAN 的主要应用场景有以下几类。

（1）校园：这类场景属于大型、综合性场景，通常包括教学楼、图书馆、食堂、学生公寓、教师宿舍、体育馆、操场等室内外场所。

（2）会展中心：这类场景是指以流动人员为主的、人流量较大的场所，包括人才中心等区域。

（3）商务办公楼：这类场景通常总体面积较大，建筑物高度适中，无线网络覆盖范围内包括会议室、餐厅、办公区等场所。

（4）酒店：此类场景中建筑物高度或面积根据酒店档次存在差异，需重点覆盖客房、大堂、会议厅、餐厅、娱乐休闲场所。

（5）产业园区：产业园区通常包括大型工业区的厂房、办公楼、宿舍等楼宇及室外区域，场景特征与校园场景类似。

不同的 WLAN 场景具有不同的用户和网络应用特点，在进行网络规划设计时应区别对待。不同的 WLAN 场景及其特点见表 7-8。

**表 7-8　不同的 WLAN 场景及其特点**

| 场景类型 | 场景特点 |
|---|---|
| 校园 | 用户密度高，网络质量要求较高，并发用户多，内外网流量均较大 |
| 会展中心 | 用户密度极高，突发流量大，网络质量要求较高，并发用户多，用户相互隔离 |
| 商务办公楼 | 用户密度高，网络质量要求高，持续流量大，内外网流量均较大 |
| 酒店 | 用户密度低，并发用户少，持续流量较小，覆盖区域小，用户相互隔离 |
| 产业园区 | 用户密度高，并发用户少，持续流量小，用户相互隔离 |

针对不同的无线应用场景特点，需要选择不同类型、性能、功能的 AP 产品。下面将介绍几个典型应用场景的 AP 部署方案。

## 任务 7-1　高校场景

高校需要部署的区域主要有教师办公室、普通教室、阶梯教室、图书馆、大礼堂、学生宿舍、校园户外区域等。本任务将选择几个典型场景进行分析和提供无线 AP 部署建议。

### 1. 教师办公室

教师办公室场景如图 7-11 所示。

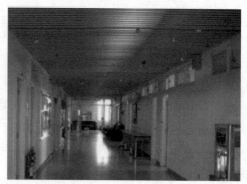

图 7-11　教师办公室场景

（1）场景特点

① 建筑格局：主要分为两种格局，多窗通透型和无窗封闭型（窗户在房间内侧，对着室内走廊）。

② 应用类型：网页浏览、办公自动化等。

③ 终端类型：智能手机和笔记本计算机。

④ 并发数量：通常每个办公室在 15 人以下，每人需要 10Mbit/s 带宽。

（2）推荐方案

① 多窗通透型部署方案：采用放装部署方式，每两间办公室中间无线 AP 吸顶安装于横梁上，双边办公室则考虑在对门 4 间办公室中间安装。但需要注意的是走廊安装不能超过 3 台无线 AP，如果超过，则应将无线 AP 安装到室内。

② 无窗封闭型部署方案：采用墙面型无线 AP，每个办公室安装一台。

③ 无线 AP 选型：该场景部署属于低密度部署，放装型无线 AP 根据无线接入性能可以选择 RG-AP730-I、RG-AP840-I(V2)等，墙面型无线 AP 根据需求可以选择 RG-AP180-L、RG-AP180(V3)等。

④ 供电方案：PoE 供电，可以选择 PoE 交换机 RG-S2910-24GT4XS-UP-H 或 RG-S2910-10GT2SFP-P-E。如果预算充足，建议选择 RG-S2910-24GT4XS-UP-H，以便于后续扩容。

⑤ 注意事项：放装型无线 AP 吊顶安装时，需考虑吊顶材质。若为无机复合板、石膏板，信号衰减较小，可安装于吊顶内；若为铝制板，信号衰减较大，建议安装于天花板下。

### 2. 普通教室

普通教室场景如图 7-12 所示。

图 7-12　普通教室场景

（1）场景特点

① 建筑格局：玻璃大窗，教室通透，通常有 40～80 个座位。

② 应用类型：社交软件、门户网站、搜索引擎、校园信息化系统等。

③ 终端类型：智能手机为主，少量笔记本计算机。

④ 并发数量：通常按座位数的 50%～60% 计算，每人需要 5Mbit/s 带宽。

⑤ 其他需求：访问控制列表（Access Control List，ACL）等特殊需求需与校方确认。

（2）推荐方案

① 部署方案：该场景部署属于高密度部署，可以采用放装型无线 AP，每两间教室部署一台无线 AP，壁挂安装在两间教室的共用墙上，或者吸顶安装在走廊的天花板下，但需要注意的是同一走廊部署数量不能超过 3 台。

② 无线 AP 选型：放装型无线 AP，根据无线接入性能可以选择 RG-AP850-I(V2)、RG-AP730-I 等。

③ 供电方案：PoE 供电，可以选择 PoE 交换机 RG-S2910-24GT4XS-UP-H 或 RG-S2910-10GT2SFP-P-E。如果预算充足，建议选择 RG-S2910-24GT4XS-UP-H，以便于后续扩容。

④ 注意事项：如果教室窗户较小、教室相对封闭，建议进行信号覆盖效果实地测试。

### 3．阶梯教室、图书馆

阶梯教室场景如图 7-13 所示，图书馆内景如图 7-14 所示。

图 7-13　阶梯教室场景　　　　　　图 7-14　图书馆内景

（1）场景特点

① 建筑格局：空间开阔。阶梯教室座位数通常为 100～300 个；图书馆不同区域座位数量不同，有柱子和书架等障碍物。

② 应用类型：社交软件、门户网站、搜索引擎、校园信息化系统等。

③ 终端类型：智能手机、笔记本计算机。

④ 并发数量：通常阶梯教室按座位数的 50%计算，图书馆按座位数的 60%～70%计算，每人需要 5Mbit/s 带宽。

（2）推荐方案

① 部署方案：此类场景部署属于高密度部署，可以采用放装型无线 AP。每间阶梯教室部署 1～3 台无线 AP，图书馆优先考虑阅读区信号覆盖。

② 无线 AP 选型：放装型无线 AP，根据无线接入性能可以选择 RG-AP850-I(V2)、RG-AP840-I(V2)等。

③ 供电方案：PoE 供电，可以选择 PoE 交换机 RG-S2910-24GT4XS-UP-H 或 RG-S2910-10GT2SFP-P-E。如果预算充足，建议选择 RG-S2910-24GT4XS-UP-H，以便于后续扩容。

④ 注意事项：放装型无线 AP 吊顶安装时，需考虑吊顶材质，若为无机复合板、石膏板，信号衰减较小，可安装于吊顶内；若为铝制板，信号衰减较大，建议吸顶安装，安装于天花板下。

**4．大礼堂**

大礼堂室内场景如图 7-15 所示。

图 7-15　大礼堂室内场景

（1）场景特点

① 建筑格局：空间非常宽敞，座位密集，通常有 600～800 个座位。

② 应用类型：社交软件、门户网站等。

③ 终端类型：智能手机为主。

④ 并发数量：通常按座位数的 50%～60%计算，每人需要 5Mbit/s 带宽。

（2）推荐方案

① 部署方案：该场景部署属于高密度部署，可以采用放装型无线 AP，根据大礼堂的大小应部署 3 台以上无线 AP。无线 AP 安装位置可以是吊顶，也可以是座位下方。

② 无线 AP 选型：放装型无线 AP，根据无线接入性能可以选择 RG-AP840-I(V2)等高配置产品。

③ 供电方案：PoE 供电，可以选择 PoE 交换机 RG-S2910-24GT4XS-UP-H 或 RG-S2910-10GT2SFP-P-E。如果预算充足，建议选择 RG-S2910-24GT4XS-UP-H，以便于后续扩容。

④ 注意事项：在该方案中，每一台无线 AP 周围都有大量的用户接入，且无线 AP 之间可能负载不均。同时，由于无线 AP 间距较小，无线 AP 间会产生较大的同频干扰。因此，在部署中可以调整无线 AP 的发射功率，以减小无线 AP 的覆盖范围，降低同频干扰；同时应设置无线 AP 接入用户数的上限，并开启负载均衡。

**5. 学生宿舍**

学生宿舍场景如图 7-16 所示。

图 7-16　学生宿舍场景

（1）场景特点

① 建筑格局：房间密集，混凝土墙体厚，相对封闭。

② 应用类型：门户网站、网游、社交软件、搜索引擎、校园信息化系统等。

③ 终端类型：智能手机、笔记本计算机。

④ 并发数量：通常每个房间 4～8 人，每人需要 10Mbit/s 带宽。

（2）推荐方案

① 部署方案：该场景部署属于高密度部署。宿舍通常为狭长型，不适合采用走廊放装型无线 AP 部署，可以采用智分型无线 AP 部署方案。如果预算充足，也可以采用墙面型无线 AP，每间宿舍一台。

② 无线 AP 选型：智分+解决方案可以选择 RG-AM5528-SF 加上 RG-MAP852-SF-M，墙面型无线 AP 则可选择 RG-AP180(V3)。

③ 供电方案：PoE 供电，可以选择 PoE 交换机 RG-S2910-24GT4XS-UP-H 或 RG-S2910-10GT2SFP-P-E。如果预算充足，建议选择 RG-S2910-24GT4XS-UP-H，以便于后续扩容。

#### 6. 校园户外区域

教学楼广场和体育场场景如图 7-17 所示。

（a）教学楼广场    （b）体育场

图 7-17 教学楼广场和体育场场景

（1）场景特点

① 建筑格局：空旷、"地广人稀"。

② 应用类型：社交软件、新闻软件等。

③ 终端类型：智能手机为主。

④ 并发数量：并发数量不定，通常以信号覆盖为主，实际长时间逗留在该区域上网的人数不多。

（2）推荐方案

① 部署方案：该场景部署属于无线覆盖优先项目，以信号覆盖为主，接入用户数通常较少。考虑到是户外覆盖项目，通常采用室外无线 AP，并将室外无线 AP 安装于楼顶或周边较高的灯杆上，在目标覆盖区域中央与室外无线 AP 之间视距内无遮挡物，按照全向天线半径 150m、定向天线半径 200m、距离水平波瓣 60° 参考指标进行覆盖。

② 无线 AP 选型：根据无线接入性能可以选择 RG-AP630(IDA2)、RG-AP680(CD)等室外无线 AP，并根据 AP 位置和覆盖区域选择定向天线或全向天线。

③ 供电方案：PoE 适配器供电或楼层 PoE 交换机供电。

④ 注意事项：选择室外无线 AP 安装位置时，尽可能选择相对较高的位置，从上往下覆盖，且尽可能确保目标覆盖区域中央与室外无线 AP 之间视距内无遮挡物，否则覆盖效果可能会大打折扣。

## 任务 7-2 酒店场景

酒店需要部署的区域主要有客房、大堂、会议室等。本任务将选择两个典型场景进行分析和提供无线 AP 部署建议。

### 1. 客房

酒店走廊及室内场景如图 7-18 所示。

（a）酒店走廊　　　　　　　　　　　　　（b）酒店室内

图 7-18　酒店走廊及室内场景

（1）场景特点

① 建筑格局：房间密集，靠近走廊侧无窗，卫生间通常位于房门左/右侧，基本每个房间均有有线网络接口。

② 应用类型：各类应用均有可能。

③ 终端类型：智能手机、平板计算机、笔记本计算机等。

④ 并发数量：通常每个房间 1~2 人，每人需要 10Mbit/s 带宽。

（2）推荐方案

① 部署方案：墙面型无线 AP。若预算充足，则建议每个房间部署一台无线 AP；若预算不足，则需现场实测，一台无线 AP 通常最多可兼顾相邻的两个房间。

② 无线 AP 选型：墙面型无线 AP，如 RG-AP180-L、RG-AP180（V3）。

③ 供电方案：PoE 供电，可以选择 PoE 交换机 RG-S2910-24GT4XS-UP-H 或 RG-S2910-10GT2SFP-P-E。如果预算充足，建议选择 RG-S2910-24GT4XS-UP-H，以便于后续扩容。

④ 注意事项：选取墙面型无线 AP 安装点位时，需避免安装在电视机后面或被其他电器、金属遮挡。如果一台无线 AP 同时覆盖两个房间，建议在另一个房间做现场测试，以确保信号覆盖质量。

### 2. 大堂

酒店大堂内景如图 7-19 所示。

（1）场景特点

① 建筑格局：空旷，包括前台、休息区。

② 应用类型：社交软件、新闻软件等。

③ 终端类型：智能手机、平板计算机、笔记本计算机等。

④ 并发数量：并发数量不定，主要供休息区人员上网，以信号覆盖为主。

图 7-19　酒店大堂内景

（2）推荐方案

① 部署方案：该场景部署属于无线覆盖优先项目，以信号覆盖为主，接入用户数通常较少，可以采用放装型无线 AP，要求外观美观、无线 AP 安装位置前方无遮挡，根据酒店大堂面积选择合适的无线 AP 数量即可。

② 无线 AP 选型：放装型无线 AP，如 RG-AP730-I、RG-AP840-I(V2)。

③ 供电方案：PoE 供电，可以选择 PoE 交换机 RG-S2910-10GT2SFP-P-E 或 PoE 适配器。

## 任务 7-3　医疗场景

医院需要部署的区域主要有住院区、手术室、门诊区、办公区等。本任务选择住院区和手术室这两个典型场景进行分析，并提供无线 AP 部署建议。

### 1. 住院区

住院区内景如图 7-20 所示。

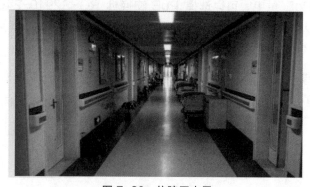

图 7-20　住院区内景

（1）场景特点

① 建筑格局：通常房间密集，靠近走廊侧无窗，卫生间位于房门左/右侧。

② 应用类型：移动医护查房系统等。

③ 终端类型：智能手机、平板计算机居多，少量笔记本计算机。

④ 并发数量：每个科室 8～10 台平板计算机，2～3 台小推车式笔记本计算机，并发率为 60%～70%。

（2）推荐方案

① 部署方案：智分型无线 AP。

② 无线 AP 选型。

- 零漫游基站选择 RG-AP4820。

- 智分单元选择 RG-APD-M(EX)。

③ 供电方案：PoE 供电，可以选择 PoE 交换机 RG-S2910-24GT4XS-UP-H 或 RG-S2910-10GT2SFP-P-E。如果预算充足，建议选择 RG-S2910-24GT4XS-UP-H，以便于后续扩容。

④ 注意事项：移动医护查房系统一般对带宽要求不高，但对丢包敏感。丢包会导致平板计算机中移动医护软件业务卡顿，因此在方案选型时应避免出现漫游丢包问题，如使用多无线 AP 部署方式则容易出现该问题。此外，平板计算机对信号要求较高（-60dBm 以上），因此远端单元要尽可能放置到病房中间，开通测试时，尽量采用医用个人数字助理（Personal Digital Assistant，PDA）设备进行测试。

## 2. 手术室

手术室内景如图 7-21 所示。

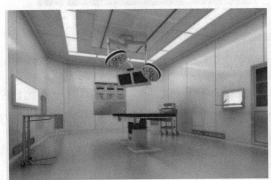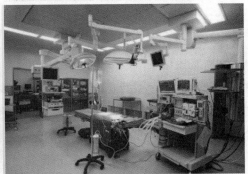

图 7-21　手术室内景

（1）场景特点

① 建筑格局：房间密闭性高，对防菌、安全级别要求很高，不允许对墙体施工。

② 应用类型：医疗无线应用。

③ 终端类型：医疗无线终端。

④ 并发数量：每个房间 1～2 台。

（2）推荐方案

① 部署方案：墙面型无线 AP，在原有网线接口的基础上进行面板替换，尽可能减少施

工对原环境的影响。

② 无线 AP 选型：墙面型无线 AP，如 RG-AP180-L。

③ 供电方案：PoE 供电，可以选择 PoE 交换机 RG-S2910-24GT4XS-UP-H 或 RG-S2910-10GT2SFP-P-E。如果预算充足，建议选择 RG-S2910-24GT4XS-UP-H，以便于后续扩容。

## 任务 7-4　轨道交通场景（场景化 AP）

轨道交通场景需要部署的区域主要有站厅、站台、隧道、车厢、电梯、办公区等。本任务将选择几个典型场景进行分析，并提供无线 AP 部署建议。

### 1. 站厅和站台

地铁站厅和站台内景如图 7-22 所示。

（a）站厅　　　　　　　　　　　　　　（b）站台

图 7-22　地铁站厅和站台内景

（1）场景特点

① 建筑格局：站厅区域空旷，障碍物少，无线 AP 覆盖面积广。站台区域一般比较空旷，有利于信号传输，且区域较小，通常一台无线 AP 即可完美覆盖。一般一个站台有 2~4 个处于两侧电梯中间的区域，站台的无线主要覆盖这些区域。

② 应用类型：社交软件、门户网站等。

③ 终端类型：手机、平板计算机为主，少量笔记本计算机。

④ 并发数量。

• 标准车站站厅、站台的网络容量：通常每位用户需要 4Mbit/s 网络带宽，每个车站按照 200 名旅客同时接入和并发应用规划，因此该类车站应具备 800Mbit/s 设计带宽。

• 大型车站站厅、站台的网络容量：通常每位用户需要 4Mbit/s 网络带宽，每个车站按照 400 名旅客同时接入和并发应用规划，因此该类车站应具备 1600Mbit/s 设计带宽。

• 大型换乘车站站厅、站台的网络容量：通常每位用户需要 4Mbit/s 网络带宽，每个车站按照 600 名旅客同时接入和并发应用规划，因此该类车站应具备 2400Mbit/s 设计带宽。

（2）推荐方案

① 部署方案：此类场景无线覆盖效果好，人员密度高，站厅可部署 2～3 台无线 AP，站台中各区域部署 1 台无线 AP。

② 无线 AP 选型：放装型无线 AP，如 RG-AP850-I(V2)、RG-AP840-I(V2)。

③ 供电方案：PoE 供电，可以选择 PoE 交换机 RG-S2910-10GT2SFP-P-E 或 PoE 适配器。

④ 注意事项：由于目前多数基于通信的列车自动控制系统（Communication Based Train Control System，CBTC）、乘客信息系统（Passenger Information System，PIS）均采用 2.4GHz 频段，因此，无线 AP 频段规划，特别是 2.4GHz 频段，使用前应注意申请使用频段，以满足信号覆盖要求。为了避免与其他系统干扰，部署无线 AP 时应尽量远离站台的屏蔽门。

**2. 隧道**

地铁隧道内景如图 7-23 所示。

图 7-23　地铁隧道内景

（1）场景特点

① 场景环境：隧道环境潮湿、粉尘多，轨道旁安装了很多带电设备。

② 应用类型：用于车地桥接。

（2）推荐方案

① 部署方案：地铁车厢运行中和线路上的无线 AP 互联，根据项目测试经验，建议按表 7-9 所示的地铁隧道无线 AP 部署原则进行部署。

表 7-9　地铁隧道无线 AP 部署原则

| 线路属性 | 最佳部署距离 | 极限距离 |
|---|---|---|
| 直道 | 160m～200m | 300m |
| $R \leqslant 400m$ 的弯道 | 100m～110m | 140m |
| $400m < R \leqslant 800m$ 的弯道 | 110m～130m | 160m |
| $R > 800m$ 的弯道 | 按直道处理 | 按直道处理 |

注：$R$ 为弯道的曲率半径。

② 无线 AP 选型：轨道交通场景专用无线 AP，如 RG-AP680-AR。

③ 供电方案：PoE 适配器供电或电源直接供电。

④ 注意事项：地铁隧道无线 AP 部署原则上要与 CBTC、PIS、民用通信系统等保持 15～30m 的间距，无线 AP 安装位置要求无漏水、滴水，隧道的凹槽位置禁止安装。

**3. 车厢**

地铁车厢内景及无线 AP 部署示意如图 7-24 所示。

（a）地铁车厢内景

（b）无线 AP 部署示意

图 7-24　地铁车厢内景及无线 AP 部署示意

（1）场景特点

① 建筑格局：较为广阔。

② 应用类型：在线视频、社交软件、门户网站等。

③ 终端类型：手机、平板计算机为主，少量笔记本计算机。

④ 并发数量：每节车厢按照 100 名旅客同时接入和并发应用规划，每位用户需要 2Mbit/s 内网带宽，车厢接入用户按照 50% 的并发率访问外网，每个接入用户有 500kbit/s 外网访问带宽。每列车应具备 250Mbit/s 外网访问带宽，再加上车载服务器的数据同步以及后续可能的服务扩展和扩容要求，要求每列车的车地带宽应达到 1200Mbit/s 以上。

（2）推荐方案

① 部署方案：无线 AP 一般安装在列车两边的挡板里。

② 无线 AP 选型：车载 AP 选择 RG-AP680-PIS，一节车厢一台车载 AP。

③ 供电方案：使用车内工业交换机对车载 AP 进行 PoE 供电。

④ 注意事项：列车车厢覆盖，每节车厢一台车载 AP，每台车载 AP 的天线均匀布放在车厢两边的挡板里面，需要考虑挡板对信号衰减的影响。

**4. 电梯**

电梯井内景如图 7-25 所示。

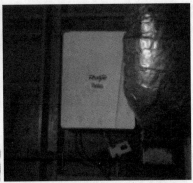

图 7-25　电梯井内景

（1）场景特点

① 建筑格局：电梯井垂直封闭，电梯材质通常为铁皮，信号屏蔽效果较强。观光电梯通常为透明玻璃材质，信号穿透效果相对较好。电梯容纳人数通常为 10～13 人。

② 应用类型：社交软件、手机新闻软件、多媒体广告等。

③ 终端类型：智能手机、多媒体广告终端等。

④ 并发数量：一般多媒体终端 1 个，智能手机 10 部左右。

（2）推荐方案

① 部署方案：电梯场景中无法对电梯进行布线，可以采用 AP 桥接部署。将根桥 AP 安装于电梯井顶端，非根桥 AP 安装于电梯顶端，使用 5GHz 射频卡进行桥接，2.4GHz 射频卡进行电梯内信号覆盖。

② 无线 AP 选型：AP730-I。

③ 供电方案：PoE 适配器供电。

④ 注意事项：电梯井层数若超过 22 层，建议进行实地测试，验证部署效果。

## 项目拓展

（1）某学校新建了一个羽毛球馆，可容纳 5000 名观众，以下适合部署在球馆内的无线 AP 类型是（　　）。

  A．放装型无线 AP     B．墙面型无线 AP

  C．智分型无线 AP     D．室外无线 AP

（2）某公司的财务办公室有 3 名办公人员，需要接入网络的设备有计算机、网络打印机、传真机等，以下最合适的无线 AP 为（　　）。

  A．RG-AP180-L     B．RG-AP680(CD)

  C．RG-AP850-I(V2)    D．RG-AP840-I(V2)

（3）某快捷酒店为满足客户无线网络接入需求，近期请地勘工程师对现场做了勘察，发现客房沿走廊呈对称布局，客房入口设有洗漱间。该场景适合采用的无线 AP 有（　　）。

  A．RG-AP180-L     B．RG-AP680(CD)

  C．RG-AP850-I(V2)    D．RG-AP840-I(V2)

（4）酒店无线场景应用中，用户无线上网的典型特征或要求包括（　　）。（多选）

  A．用户密度低  B．并发用户少  C．覆盖区域小  D．用户相互隔离

（5）校园网无线场景中，用户无线上网的典型特征或要求包括（　　）。（多选）

  A．用户密度高  B．并发用户多  C．内网流量较大  D．外网流量较大

（6）室内无线覆盖为了美观可以选择的天线类型是（　　）。

  A．杆状天线  B．抛物面天线  C．吸顶天线  D．平板天线

# 项目8
## 会展中心无线网络的建设评估

08

## 📝 项目描述

扩展知识

    某会展中心应参展活动需求搭建无线网络环境，以便支持即将开展的会展活动。展会区域为近 $5000m^2$ 的开阔空间，分为两个展区；展会人流量预计为每小时 300 人，接入密度较大。同时，展会还提供无线视频直播服务，该服务对 AP 的吞吐量性能有较高要求。为此，主办单位决定在展区使用无线网络进行网络覆盖。Jan16 公司派工程师小勘到会展中心进行现场勘察，并给出项目建设评估方案。

    对于新建无线网络项目的部署，首先需要到现场进行勘察，获取需要进行无线网络覆盖的建筑平面图，具体涉及以下工作任务。

（1）获取建筑平面图。

（2）确定覆盖目标。

（3）无线 AP 选型。

## 📝 项目相关知识

### 8.1 建筑平面图

    获取建筑平面图有以下方法。

（1）从基建部门等获取电子建筑平面图（一般为 VSD 或 CAD 格式）。

（2）从信息化部门等获取图片格式的建筑平面图。

（3）从档案中心等获取建筑平面图纸。

（4）找到楼层消防疏散图。消防疏散图用于标注楼层的消防通道，它一般张贴在楼层最明显的位置。在无法直接获得建筑平面图的情况下，可以对它进行拍照，然后在其基础上进行建筑平面图的绘制。

（5）手绘草图。若以上几种方法都行不通，则只能到客户现场进行现场测绘。现场测绘需要准备好激光测距仪、卷尺、笔、纸等工具。

通常，获取的建筑平面图都需要进行进一步处理，使其成为适合网络工程使用的图纸。网络工程图纸特点如下。

（1）建筑平面图需要完整的尺寸标注，精度在20cm以内。

（2）需要绘制完整的墙、窗户、门、柱子、消防管等影响无线覆盖及与综合布线工程有关的建筑物。

（3）必要时，还需要标注建筑物吊顶、弱电井、弱电间、原有弱电布线情况。

（4）可以不绘制桌椅、楼梯、卫生间等与网络工程无关的建筑物。

## 8.2 覆盖区域

结合现场勘测结果和建筑图纸，明确无线网络的主要覆盖目标和次要覆盖目标等，重点针对用户集中上网区域做覆盖规划。覆盖目标一般分为以下3类。

（1）主要覆盖目标：用户集中上网区域，例如宿舍房间、图书馆、教室、酒店房间、大堂、会议室、办公室、展厅等人员集中场所。这些覆盖目标的信号强度要求一般为-65dBm～-45dBm。

（2）次要覆盖目标：对上网需求不高的区域不做重点覆盖，例如卫生间、楼梯、电梯、过道、厨房等区域。这些覆盖目标的信号强度要求一般不低于-75dBm。

（3）特殊覆盖目标：客户指定的覆盖区域或不允许覆盖的区域。信号强度要求按客户具体需求而定。

## 8.3 无线网络接入用户的数量

在评估无线网络接入用户的数量时，一般以场景满载时人数的60%～70%（经验值）进行估算。网络工程师基于大量的工程经验针对不同场景提出了以下计算方法。

（1）基于座位：校园阶梯教室、图书馆、大礼堂等场景可以按座位全部坐满进行估算，即满载评估，座位数为满载人数。校园阶梯教室场景如图8-1所示。

图8-1 校园阶梯教室场景

（2）基于床位：酒店、学生宿舍等场景一般以一个床位 2 个终端（手机+笔记本计算机）进行估算，即满载为床位数量的 2 倍。学生宿舍场景、酒店室内场景如图 7-16、图 7-18（b）所示。

（3）其他计算方法：按照人流量进行估算，一般选择人流量较多的时候的人流量作为参考，满载为高峰时期该场景所能容纳的人数。地铁站台就是典型的根据高峰时期人流量进行估算的场景。

## 8.4 用户无线上网的带宽

用户使用的应用不同，所需带宽也不同，网络工程师需要根据用户使用应用的情况对用户无线上网平均带宽进行评估。下面列举了常见网络应用所需的带宽。

（1）流畅浏览网页所需带宽：搜狐首页文件大小约 1MB，京东首页文件大小约 1.4MB，按 5s 打开网页计算，浏览搜狐首页需要约 1.6Mbit/s 带宽，浏览京东首页需要约 2.2Mbit/s 带宽。由于用户并不会持续打开网页，据统计，大部分网页流畅浏览需要带宽约 512kbit/s。

（2）观看互联网视频所需带宽：可以参考优酷、土豆等网站给出的建议，即 2Mbit/s 选择标清，5Mbit/s 选择高清（1080P）。

（3）即时通信（Instant Messaging，IM）应用所需带宽：以微信为例，纯文字聊天 1 条信息约 1KB，1s 的语音文件约 2KB；后台保持状态每小时约消耗 50KB～60KB 的流量；图片文件情况需要根据图片大小而定，13s 的视频压缩文件大约为 270KB。以此推算，512kbit/s 的带宽一般足以满足微信聊天的需求。

（4）玩网络游戏所需带宽：《王者荣耀》需要约 2Mbit/s 带宽；其他网络游戏，例如《穿越火线》，一般 100kbit/s 带宽就可以流畅地玩。

## 8.5 AP 选型

在获得无线覆盖目标的建筑平面图、覆盖区域、无线网络接入用户数量和用户无线上网带宽的需求后，可以先根据用户建筑环境特点和自身预算确定 AP 产品类型，主要有放装型、墙面型、室外等 AP 类型。如果预算紧张，则可以用一台墙面型无线 AP 覆盖两个房间，或者在走廊放置 1～3 台放装型无线 AP 覆盖整个楼层。关于 AP 产品类型与部署场景等内容，可以参考项目 7。

选定 AP 产品类型后，再根据接入用户数量和吞吐量要求选择 AP 产品型号和数量。

## 项目实践

### 任务 8-1　获取建筑平面图

**任务描述**

由于会展中心负责人未能提供会展中心的平面图纸，所以地勘工程师小勘需要在现场快速草绘一张会展中心的图纸，记录相关数据；之后采用绘图软件 Visio 绘制建筑平面图。

**任务操作**

**1. 绘制会展中心现场草图**

地勘工程师经前期电话沟通了解到会展中心负责人手上并没有该建筑的任何图纸。因此，小勘经预约，在约定时间携带激光测距仪、笔、纸、卷尺等设备到达了现场，边开展现场调研工作边绘制草图。

经一个小时左右，小勘已经草绘了一张会展中心的图纸，如图 8-2 所示。

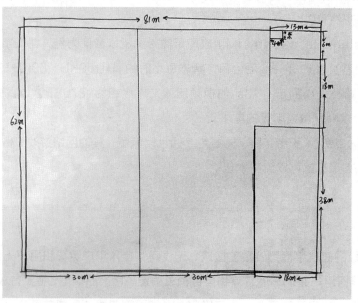

扫码看图

图 8-2　会展中心草图

同时，小勘在调研现场环境后确认现场环境。调研结果具体如下。

（1）2 个展区均有铝制板吊顶。

（2）会议室和办公室没有吊顶。

（3）展区人流量主要集中在展台附近。

### 2．绘制电子图纸

根据现场绘制的草图在 Visio 中绘制电子图纸。

（1）打开 Visio，并进行页面设置，将绘图缩放比例设置为 1∶350，如图 8-3 所示。

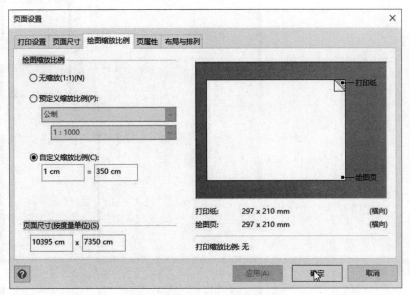

图 8-3　页面设置

（2）根据草图绘制墙体，如图 8-4 所示。

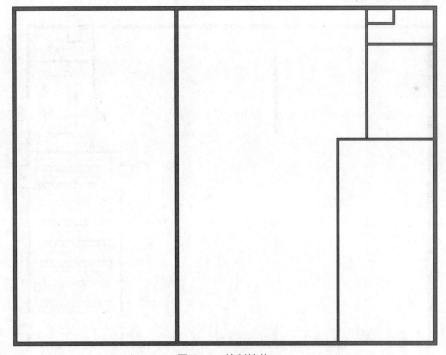

图 8-4　绘制墙体

（3）在墙体上绘制门、窗，如图 8-5 所示。

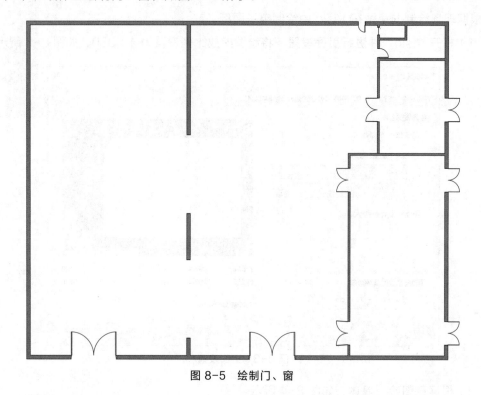

图 8-5　绘制门、窗

（4）绘制桌椅、讲台等室内用品，如图 8-6 所示。

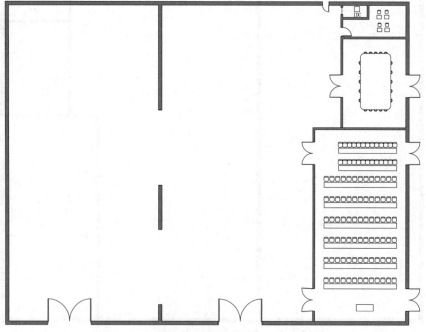

图 8-6　绘制室内用品

（5）使用标尺对主要墙体的尺寸进行标注，如图 8-7 所示。

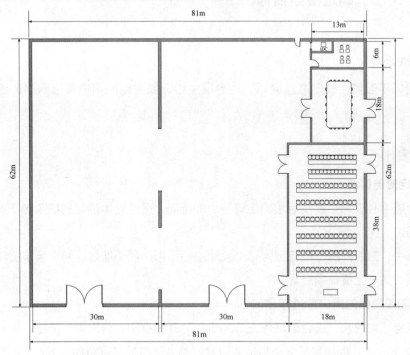

图 8-7　标注尺寸

（6）使用文本框对每个房间或区域进行标注，完成电子平面图的绘制，如图 8-8 所示。

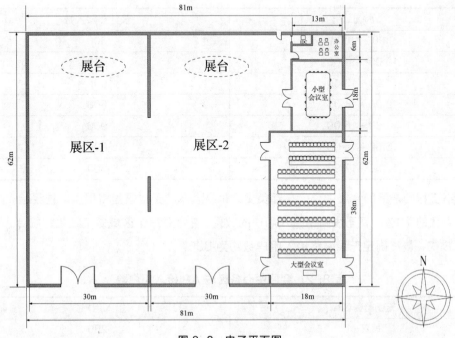

图 8-8　电子平面图

## 任务 8-2　确定覆盖目标

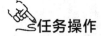

### 任务描述

针对建筑平面图，确定覆盖区域，对会展中心无线网络的用户数、网络的吞吐量进行评估。

### 任务操作

**1．确定覆盖区域**

通过会展中心现场勘察及后续的建筑平面图绘制，已得到本项目的建筑电子平面图，如图 8-8 所示。

本项目中，无线网络覆盖范围为整个会展中心，包括两个展区、两个会议室和一个会展中心办公室，属于全覆盖项目。

**2．对无线网络的用户数进行评估**

从项目描述中得知，展会区域为近 5000m$^2$ 的开阔空间，分为两个展区，展会人流量预计为每小时 300 人。根据展区业务特征和以往经验，展区最多可容纳 2000 人，预计高峰期参展人数在 900 人左右。会展中心各时段预计参展人数见表 8-1。

表 8-1　会展中心各时段预计参展人数

| 时间 | 预计参展人数 |
| --- | --- |
| 9:00～10:00 | 300 |
| 10:00～11:00 | 600 |
| 11:00～13:00 | 900 |
| 13:00～14:00 | 600 |
| 14:00～15:00 | 900 |
| 15:00～16:00 | 600 |
| 16:00～17:00 | 300 |

网络工程师最终同会展中心信息部负责人确认，本次无线覆盖将根据以往经验，按高峰期参展人数的 70%计算无线网络接入用户的数量，并针对每个区域做了细化的统计，统计结果见表 8-2，最终确定无线网络接入用户数约为 636。

表 8-2　会展中心各区域 AP 接入用户数

| 无线覆盖区域 | 接入用户数 |
| --- | --- |
| 展区-1 | 250 |
| 展区-2 | 250 |

续表

| 无线覆盖区域 | 接入用户数 |
|---|---|
| 大型会议室 | 100 |
| 小型会议室 | 30 |
| 办公室 | 6 |

### 3．对无线网络的吞吐量进行评估

通过与会展中心信息部沟通，展会将会在两个会议室和两个展区的展台区域提供视频直播服务，在其他区域则为用户提供实时通信、在线视频、搜索引擎、门户网站等应用接入服务。

根据业务调研结果，参考以往业务应用接入所需带宽的推荐值，经会展信息中心信息部确认，会展中心为视频直播服务提供不低于 20Mbit/s 的无线接入带宽，为参展用户提供最高 1Mbit/s 的无线接入带宽，为办公区域用户提供最高 4Mbit/s 的无线接入带宽。会展中心各区域无线接入带宽需求见表 8-3。

表 8-3　会展中心各区域无线接入带宽需求

| 无线覆盖区域 | 接入用户数 | AP 接入带宽（Mbit/s） |
|---|---|---|
| 展区-1 | 250 | 250 |
| 展区-2 | 250 | 250 |
| 大型会议室 | 100 | 100 |
| 小型会议室 | 30 | 120 |
| 办公室 | 6 | 24 |

会展中心的无线信号需要为视频直播服务、参展用户和办公区域用户提供不同的无线接入带宽，网络工程师决定设置多个 SSID，每个 SSID 限制不同的传输速率。最终确定各 SSID 信息见表 8-4。

表 8-4　SSID 信息

| 接入终端 | SSID | 是否加密 | 最低传输速率 | 最高传输速率 |
|---|---|---|---|---|
| 视频直播 | Video-wifi | 是 | 20Mbit/s | — |
| 参展用户 | Guest-wifi | 否 | — | 1Mbit/s |
| 办公用户 | Office-wifi | 是 | — | 4Mbit/s |

## 任务 8-3　AP 选型

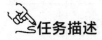

### 任务描述

确定覆盖目标后，需要根据建筑特点、覆盖目标、接入用户数和吞吐量等因素进行 AP 选型。

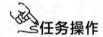任务操作

**1．AP 类型选择**

从项目描述得知，展会区域为近 5000m² 的开阔空间，分为两个展区。因此，可以选用适合在室内大开间高密度部署的放装型无线 AP。

**2．AP 型号选择**

网络工程师已经通过任务 8-2 得知展会无线网络接入用户数约为 636，整体接入带宽为 744Mbit/s 左右。结合表 8-5 所示的锐捷主要的放装型无线 AP 产品，可以得知本项目无线网络覆盖以覆盖及接入数为主。因此，网络工程师将在每个展区部署 3 台 RG-AP840-I(V2)、在大型会议室部署 1 台 RG-AP840-I(V2)、在小型会议室及办公室部署一台 AP730-I 来满足无线信号的覆盖及接入数需求。会展中心各区域 AP 部署数量见表 8-6。

表 8-5　锐捷主要的放装型无线 AP 产品

| 产品型号 | 最大功耗/W | 无线协议标准 | 最高传输速率 | 推荐/最大接入数 |
|---|---|---|---|---|
| RG-AP720-L | 12.95 | Radio1：IEEE 802.11b/g/n；<br>Radio2：IEEE 802.11a/n/ac | Radio1：300Mbit/s；<br>Radio2：867Mbit/s；<br>整机：1.167Gbit/s | 32/256 |
| RG-AP730-I | 25.5 | Radio1：IEEE 802.11b/g/n；<br>Radio2：IEEE 802.11a/n/ac；<br>Radio3：IEEE 802.11a/n/ac | Radio1：400Mbit/s；<br>Radio2+3：1.73Gbit/s；<br>整机：2.13Gbit/s | 100/768 |
| RG-AP840-I (V2) | 40 | Radio1：IEEE 802.11b/g/n/ax；<br>Radio2：IEEE 802.11a/n/ac/ax | Radio1：575Mbit/s；<br>Radio2：4.8Gbit/s；<br>整机：5.375Gbit/s | 128/1024 |
| RG-AP850-I (V2) | 25.5 | Radio1：IEEE 802.11b/g/n/ax；<br>Radio2：IEEE 802.11a/n/ac；<br>Radio3：IEEE 802.11a/n/ac/ax | Radio1：1.15Gbit/s；<br>Radio2：867Mbit/s；<br>Radio3：4.8Gbit/s；<br>整机：6.817Gbit/s | 192/1536 |

表 8-6　会展中心各区域 AP 部署数量

| 无线覆盖区域 | 接入用户数 | AP 接入带宽（Mbit/s） | AP 型号 | 数量 |
|---|---|---|---|---|
| 展区-1 | 250 | 250 | RG-AP840-I(V2) | 3 |
| 展区-2 | 250 | 250 | RG-AP840-I(V2) | 3 |
| 大型会议室 | 100 | 100 | RG-AP840-I(V2) | 1 |
| 小型会议室 | 30 | 120 | RG-AP730-I | 1 |
| 办公室 | 6 | 24 | | |

## 项目验证

项目建设评估后，需要整理每个任务的输出内容，包括建筑平面图、SSID 信息表、AP 部署数量表等。建筑电子平面图如图 8-8 所示，SSID 信息、AP 部署数量分别见表 8-4、表 8-6。

## 项目拓展

（1）以下属于获取无线覆盖建筑平面图的途径的有（　　　）。（多选）

A. 向基建部门等获取电子建筑平面图（一般为 VSD 或 CAD 格式）

B. 向信息化部门等获取图片格式的建筑平面图

C. 向档案中心等获取纸质建筑平面图纸

D. 找到楼层消防疏散图

（2）确定覆盖区域时，覆盖区域一般分为（　　　）。（多选）

A. 主要覆盖目标               B. 次要覆盖目标

C. 特殊覆盖目标               D. 无须覆盖目标

（3）主要覆盖目标的信号覆盖强度要求是（　　　）。

A. −65dBm～−40dBm        B. −75dBm～−50dBm

C. −75dBm～−40dBm        D. −80dBm～−40dBm

# 项目9
# 会展中心无线网络的
# 设计与规划

## 项目描述

扩展知识

某会展中心应参展活动需求搭建无线网络环境,以便支持即将开展的会展活动。现已获取会展中心的建筑平面图,并完成了无线项目的建设评估,下一步需要进行无线网络的设计与规划。

进行无线网络的设计与规划,具体涉及以下工作任务。

(1)AP 点位设计。

(2)AP 信道规划。

## 项目相关知识

### 9.1 AP 点位设计与信道规划

使用无线地勘系统进行 AP 点位设计与信道规划,包含以下几个步骤。

(1)创建无线网络工程。

(2)导入建筑图纸。

(3)根据场景和用户需求选择合适的产品(已在建设评估项目"AP 选型"中完成)。

(4)根据需求和现场调研情况进行 AP 点位设计。

(5)通过信号模拟仿真(按信号强度)调整、优化 AP 位置,实现重点区域无线网络高质量覆盖。

(6)进行 AP 信道规划,并通过信号模拟仿真(按信道冲突)调整 AP 信道和功率,实现高质量无线覆盖。

但无线地勘系统毕竟是一款模拟仿真软件,它仅能针对墙体、窗户等少量障碍物做无线信号衰减模拟。考虑到无线覆盖场景的复杂性,还需要了解常见的障碍物对无线信号衰减的影响情况，具体见表 9-1。

表 9-1　常见的障碍物对无线信号衰减的影响情况

| 障碍物 | 衰减程度 | 示例 |
|---|---|---|
| 开阔地 | 无 | 演讲厅、操场 |
| 木制品 | 低 | 内墙、办公室隔断、门、地板 |
| 石膏 | 低 | 内墙（新的石膏比老的石膏对无线信号的影响大） |
| 合成材料 | 低 | 办公室隔断 |
| 石棉 | 低 | 天花板 |
| 玻璃 | 低 | 窗户 |
| 人的身体 | 中等 | 一大群人 |
| 水 | 中等 | 潮湿的木头、玻璃缸、有机体 |
| 砖块 | 中等 | 内墙、外墙、地面 |
| 大理石 | 中等 | 内墙、外墙、地面 |
| 陶瓷制品 | 高 | 陶瓷瓦片、地面 |
| 混凝土 | 高 | 地面、外墙、承重梁 |
| 镀银 | 非常高 | 镜子 |
| 金属 | 非常高 | 办公桌、办公室隔断、电梯、文件柜、通风设备 |

2.4GHz 无线信号带宽低，电磁波传输距离远，穿透障碍物能力较强；5GHz 无线信号带宽高，电磁波传输距离近且穿透能力较差。以 2.4GHz 无线信号为例，它对各种建筑障碍物的穿透损耗的经验值如下。

- 墙（砖墙厚度为 100mm～300mm）：20dB～40dB。
- 楼层地板：30dB 以上。
- 木制家具、门和其他木板隔墙：2dB～15dB。
- 厚玻璃（12mm）：10dB。

在衡量 AP 信号对墙壁等建筑障碍物的穿透损耗时，需考虑 AP 信号入射角度：一面 0.5m 厚的墙壁，当 AP 信号和覆盖区域之间直线连接呈 45°入射时，相当于约 0.7m 厚的墙壁；呈 30°入射时，相当于约 1m 厚的墙壁。所以要获取更好的接收效果，应尽量使 AP 信号能够垂直（呈 90°）穿过墙壁或天花板。

## 9.2　无线地勘存在的风险及应对策略

### 1. 覆盖风险

覆盖风险即 AP 部署后信号强度可能无法满足用户应用需求。覆盖风险会严重影响用户的业务和体验，所以在地勘阶段应确保重点区域的无线覆盖信号质量。如果用户未给出无线覆盖信号强度的具体要求，则网络工程师可以根据表 9-2 所示的不同用户类型的重点覆盖区域的信号强度指标进行规划设计。表 9-2 中的信号强度指标为工程经验值。

表 9-2 不同用户类型的重点覆盖区域的信号强度指标

| 序号 | 用户类型 | 信号强度指标/dBm | 说明 |
|---|---|---|---|
| 1 | 教育行业 | -75 | -75dBm 对手机用户来说，观看视频体验不会太好 |
| 2 | 金融行业 | -70 | 实时性要求高，无线质量要求较高 |
| 3 | 医疗行业 | -65 | PDA 设备对信号要求高 |

### 2. 未知 STA 风险

用户使用的重要 STA 是未知的设备（如一些医用的 PDA），导致无法判断其性能，进而无法判断覆盖信号强度要求，目前已知的无线 STA 的信号强度要求见表 9-3。

表 9-3 无线 STA 的信号强度要求

| 无线 STA 类型 | 信号强度要求/dBm |
|---|---|
| 笔记本计算机或者承载非关键应用的手机 | -75 |
| 重要的笔记本计算机以及少量手机 | -70 |
| 承载关键应用的手机或者 PDA | -65 |

如果承载用户关键应用的手机或者 PDA 并非常见的手机或者 PDA，那么必须进行实地测试。例如，经测试，-65dBm 的信号强度不能满足用户应用需求，那么信号强度指标可以提到-60dBm 甚至更高，直到满足用户应用需求为止。

### 3. 带点数风险

带点数是指 AP 的接入用户数。AP 基于共享式的无线网络进行通信，接入用户数越多，每一个 STA 的带宽越低。如果过载，则可能导致 STA 接入速率较低和丢包率较高，用户上网体验较差。

例如，在广州地铁，用户可以很方便地接入地铁 Wi-Fi，享受免费的上网服务。由于每一列地铁的接入带宽是有限的，在平时，用户接入地铁 Wi-Fi，每一个 STA 上网速率在 512kbit/s 左右，但在上下班高峰期，如果所有乘客都接入地铁 Wi-Fi，则 AP 接入数量将过载，乘客会体验到上网极慢，甚至时断时续。这是典型的 AP 带点数过大所带来的用户接入风险。为解决该问题，通常采取的策略就是限制每一个 AP 的最高接入用户数。地铁 Wi-Fi 通过限制 AP 的带点数，确保接入用户的上网质量，虽然不能满足更多用户接入的需求，但改善了用户的上网体验和接入质量。

因此，带点数风险主要评估 AP 携带 STA 的数量是否超过要求。常见的场景和解决方案如下。

（1）AP 覆盖范围内的带点数在业务高峰期可能超过 AP 上限，导致 STA 上网拥塞。在这种情况下，如果预算充裕，可以通过增加 AP 数量来解决；如果预算紧张，则可以通过设置 AP 接入上限来解决。

（2）AP 覆盖范围内的 STA 数量无法统计，仅根据经验值进行部署，这可能导致 AP 接入用户数过载。在这种情况下，可以通过设置 AP 接入上限来解决。

### 4．射频干扰风险

射频干扰风险是指来自其他射频系统或者同频大功率设备的干扰。因此在地勘阶段，网络工程师要在无线部署现场和甲方确认无线射频环境，主要确认内容如下。

（1）是否存在其他 Wi-Fi 系统。

（2）是否存在其他工作在 2.4GHz 和 5GHz 频段的业务系统或大功率基站设备。

（3）是否存在微波炉等大功率设备。

在地勘阶段就了解现场射频环境有利于及时调整、优化无线解决方案，规避风险。

### 5．未知应用风险

在无线地勘阶段，如果网络工程师仅依靠经验评估用户的应用和流量，并基于此来规划无线网络，那么极有可能导致新建的无线网络无法承载用户的业务应用。或者网络工程师做了初步调研但忽略或低估了一些用户的常见应用，而这些应用所需的流量较大且持续时间较长，那么这可能导致新建的无线网络无法承载用户业务应用。

因此，地勘阶段同甲方一起确认用户业务需求和进行流量评估非常重要，可以极大降低未知应用风险。与流量有关的风险必须在地勘阶段确认。

### 6．同频干扰风险

当 AP 工作的频段中有其他设备进行工作时，就会产生同频干扰。同频干扰风险主要存在以下情况。

（1）AP 被非 WLAN 设备干扰，会导致 AP 丢包重传，因为干扰设备不遵守冲突检测退避机制。其中较常见且影响较大的非 WLAN 设备为微波炉。

（2）在一台 AP 处检测到的另一台同频 AP 的信号强度高于-75dBm，且工作在同一信道，即可认为这两台 AP 互相同频干扰。同频干扰通常很难避免，这会导致双方都因为退避而各损失一部分流量。这种情况下，可以通过优化 AP 频道或调整 AP 功率来减少同频干扰。

### 7．隐藏节点风险

隐藏节点风险同样是由 WLAN 系统中的冲突检测与退避机制造成的。冲突检测与退避机制的基础就是两个发送端必须能互相"听"到，也就是在对方的覆盖范围之内。当两个数据发送端互相"听"不到的时候，这两个数据发送端就成了隐藏节点。

通常，隐藏节点分为以下 3 种情形。

（1）STA 之间互为隐藏节点。

STA 之间互为隐藏节点常见于 AP 的部署范围过大的情况，如图 9-1 所示。两个 STA

在发送数据时不能侦测到对方是否占用信道，导致 AP 会同时收到两个 STA 的数据报，显然 AP 收到的是非有效数据（两个 STA 信号的叠加）。

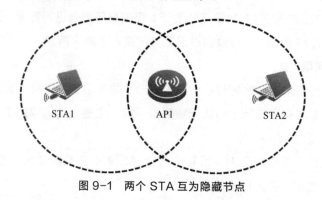

图 9-1　两个 STA 互为隐藏节点

普通 STA 应用通常以下行流量为主，所以隐藏节点发送信号的概率较低，对一般业务应用的危害较小。但如果 STA 有大量的迅雷、BT 下载等点对点应用，它们会产生大量的上行流量，严重时会导致网络出现速率降低或者丢包的问题。目前，禁用相关应用与限速是比较有效的优化手段。

（2）AP 之间互为隐藏节点。

当 STA 位于两台 AP 中间，AP1 和 AP2 同时为 STA 提供服务时会出现 AP 互为隐藏节点情况。两台 AP 互为隐藏节点如图 9-2 所示。

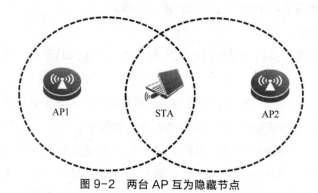

图 9-2　两台 AP 互为隐藏节点

在实际部署中，STA 通常会选择其中一台 AP 为其提供无线接入服务。其位于两台 AP 中间的情况，通常是在 STA 移动且触发了 AP 漫游时发生，所以在实际部署中不太容易出现两台 AP 互为隐藏节点的情况。

（3）AP 与 STA 互为隐藏节点。

AP 的下行流量较大，发送信号的概率高，所以很容易与 STA 冲突。AP 和 STA 互为隐藏节点如图 9-3 所示。在走廊部署放装型无线 AP 解决方案中，AP1 在向 STA1 发送数据时，STA2 也在向 AP4 发送数据。这时，AP4 同时收到两路信号，因相互干扰而无法正常接收到 STA2 发送的信号。

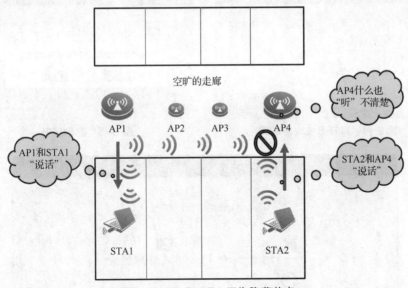

图 9-3  AP 和 STA 互为隐藏节点

AP 与 STA 互为隐藏节点的危害较大，由于其不仅存在隐藏节点问题，还存在同频干扰问题，所以推荐通过以下两个优化方案来解决。

- 在不影响用户接入质量的情况下，适度降低两个 AP 的功率，减少冲突域。
- 改用智分型无线 AP 或墙面型无线 AP 解决方案替代放装型无线 AP 解决方案，这样同频干扰和隐藏节点问题均可以被有效解决。

# 项目实践

## 任务 9-1  AP 点位设计

### 任务描述

使用无线地勘系统导入建筑电子平面图，并进行 AP 点位设计。

### 任务操作

#### 1. 启动无线地勘系统

安装无线地勘系统软件并打开，在图 9-4 所示的"连接方式"对话框中选择"本地连接"，并单击"确定"按钮，将弹出图 9-5 所示的"提示"对话框。选择"是"，启动无线地勘系统服务，并进入无线地勘系统主界面，如图 9-6 所示。

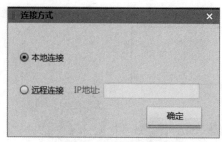
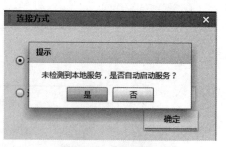

图 9-4　打开无线地勘系统　　　　　　图 9-5　启动服务

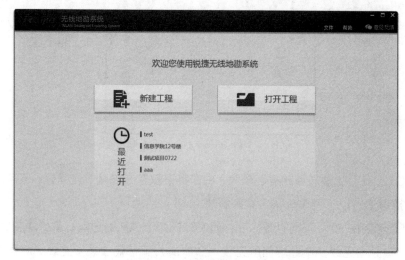

图 9-6　无线地勘系统主界面

**2．新建工程及工程文件**

（1）单击"新建工程"按钮，在弹出的"新建工程"对话框中填写项目名称、地勘人员等信息，结果如图 9-7 所示。单击"确定"按钮，完成新建工程，进入会展中心无线网络工程项目管理界面，结果如图 9-8 所示。

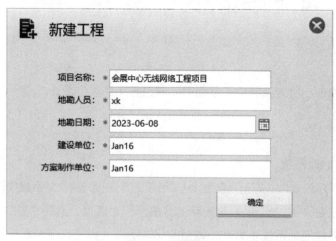

图 9-7　新建工程

图 9-8  会展中心无线网络工程项目管理界面

（2）单击"新建工程文件"，弹出图 9-9 所示的"新建工程文件"对话框，输入工程文件名称，并选择项目 8 中完成的会展中心建筑平面图（JPG 格式），单击"确定"按钮完成无线地勘系统中会展中心建筑平面图的导入，结果如图 9-10 所示。

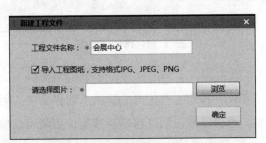

图 9-9  【新建工程文件】对话框

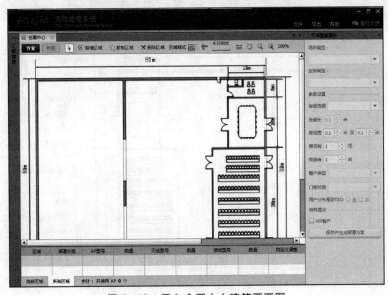

图 9-10  导入会展中心建筑平面图

### 3. 设置比例尺

单击 ➕ 按钮，设置该建筑平面图的比例尺，如图9-11所示。

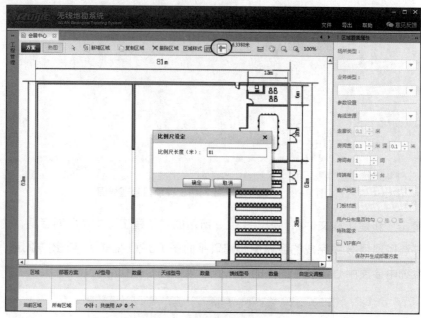

图9-11 比例尺设置

### 4. 识别障碍物

（1）单击左上角的"热图"按钮，在图9-12所示的界面中，用户可通过"热图"视图设置墙体、窗户等障碍物，也可以通过系统自带的智能识别障碍物功能进行识别。

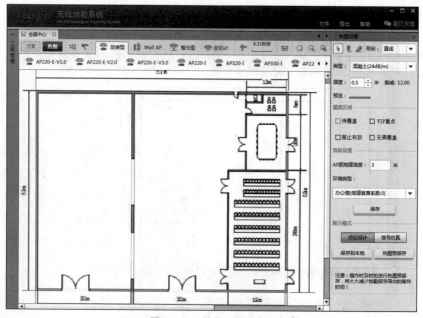

图9-12 热图设置界面

（2）单击右侧的"智能识别障碍物"按钮，在弹出的"智能识别障碍物"对话框中，可以设置墙体识别的参数，配置界面如图 9-13 所示。

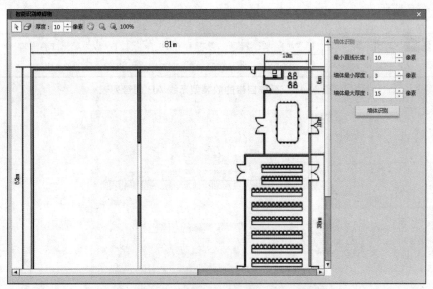

图 9-13 【智能识别障碍物】对话框 1

（3）单击"墙体识别"按钮可以通过墙体识别自动生成墙体以及窗户等障碍物，结果如图 9-14 所示，单击"墙体生成"按钮，根据识别的结果生成墙体。

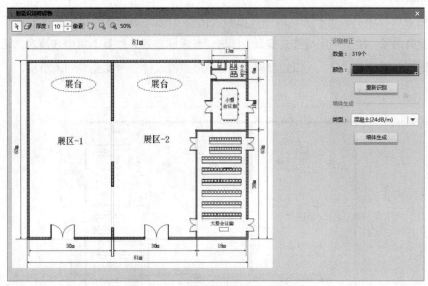

图 9-14 【智能识别障碍物】对话框 2

## 5. 新增 AP 型号

根据现场勘测结果选择无线 AP 类型，本次会展中心无线网络工程项目中根据用户数量选择了放装型无线 AP，型号为 RG-AP840-I(V2) 及 RG-AP730-I，具体见表 8-6。由于无线地勘系统默认型号中没有这两个型号，用户可以单击"自定 AP"图标新增 AP 型号。无线地勘系统自带的放装型无线 AP 型号列表如图 9-15 所示，"AP 型号新增"对话框如图 9-16 所示。

图 9-15　系统自带的放装型无线 AP 型号列表

图 9-16　【AP 型号新增】对话框

## 6. 布放 AP

小勘通过现场环境调研发现，展区有铝制天花板吊顶，因此 AP 可采用吊顶安装；会议室及办公室没有吊顶，建议采用壁挂式安装。同时，考虑到展区人群基本集中在展台附近，因此计划在展台附近部署 2 台 AP，入口处部署 1 台。AP 点位设计参考如图 9-17 所示。

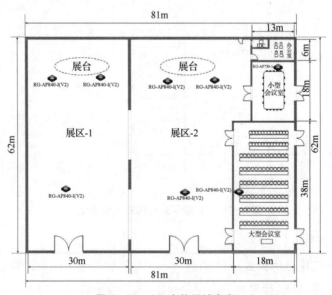

图 9-17　AP 点位设计参考

## 任务 9-2　AP 信道规划

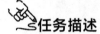

### 任务描述

因部署的 AP 数量较多，需要进行合理的信道规划，以避免 AP 之间产生同频干扰。

### 任务操作

#### 1. 调整信道

无线地勘系统增加的 AP 默认都工作在 1 信道，用户还需要针对现场 AP 部署密度进行信道和功率调整。右击各 AP，在弹出图 9-18 所示的"信道和功率设置"对话框中，可对 AP 的工作信道和功率进行调整。

网络工程师需要根据"1、6、11 原则"对 AP 进行信道调整。同时，考虑到展台离 AP 距离较近，属于

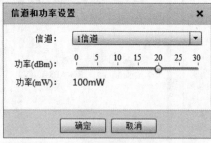

图 9-18 【信道和功率设置】对话框

高密度部署场景，在信号覆盖已满足需求的情况下，可以通过降低 AP 的功率来减少同频干扰。

#### 2. 信号仿真

调整完 AP 的信道和功率后，在图 9-12 中，单击右下角的"信号仿真"按钮，可以按信号强度、速率、信道冲突等方式查看 AP 覆盖的效果。图 9-19 所示为按信号强度（2.4GHz）显示的信号覆盖热图，结果（阴影处）显示，该会展中心重点区域实现了-70dBm 信号强度的全覆盖，展台区域的 AP 功率较低，一定程度上降低了信道冲突的风险。

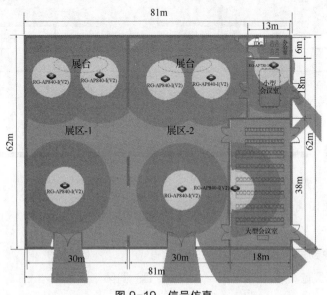

图 9-19　信号仿真

## 项目验证

通过无线地勘系统确定 AP 点位后，小勘需要输出一份图 9-20 所示的 AP 点位与信道确认图纸，并同会展中心网络管理部确认。

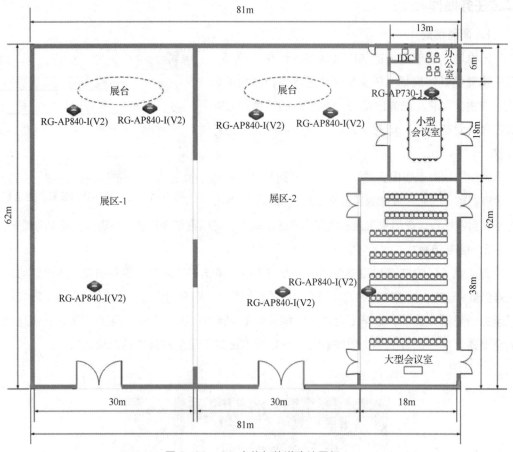

图 9-20　AP 点位与信道确认图纸

## 项目拓展

（1）以下材质使信号衰减程度最高的是（　　　）。

    A．石膏　　　　　B．金属　　　　　C．混凝土　　　　D．砖石

（2）在无线地勘中，我们需要注意的风险有（　　　）。（多选）

    A．覆盖风险　　　　　　　　　　B．同频干扰风险

  C. 隐藏节点风险        D. 带点数风险

  E. 未知 STA 风险        F. 射频干扰风险

  G. 特殊应用风险

（3）为了避免同频干扰，以下信道规划方案合理的有（   ）。（多选）

  A. 1、6、11    B. 2、7、12    C. 3、8、13    D. 4、10、14

（4）以下材质中对信号衰减影响最小的是（   ）。

  A. 石棉      B. 人体      C. 砖墙      D. 金属

# 项目10
# 会展中心无线地勘报告输出

10

## 项目描述

扩展知识

　　某会展中心应参展活动需求搭建无线网络环境，以便支持即将开展的会展活动。现已完成无线网络的规划设计，下一步需要到现场进行无线复勘，确认规划设计方案后，即可导出无线地勘报告。具体涉及以下工作任务。

　　（1）无线复勘。

　　（2）输出无线地勘报告。

## 项目相关知识

### 10.1 复勘的必要性

　　通过无线地勘系统看到的无线信号覆盖质量有可能与现场部署的实际情况不一致，存在一定的无线覆盖质量隐患。特别是在预算紧张的覆盖项目中，有些区域可能覆盖信号较弱。因此，对于符合以下情况的无线网络规划项目，建议网络工程师都要到现场进行无线复勘。

　　（1）一个 AP 覆盖较大面积的区域，且现场有较多的障碍物。

　　（2）使用墙面型 AP 覆盖两个房间（需对非 AP 安装房间进行信号测试）。

　　网络工程师到工程现场进行无线复勘，主要涉及以下几个步骤。

　　（1）确定 AP 测试点：选择信号覆盖可能存在隐患的 AP 点位，并就该 AP 点位选择 2～3 个最远端的测试点。

　　（2）实地测试：配置好 AP，将 AP 用支架固定在 AP 实际部署位置，然后使用地勘专用电源为 AP 供电，AP 上电并发射信号后，分别使用手机和笔记本计算机测试无线信号强度。如果用户经常使用定制设备（如 PDA）连接 Wi-Fi，建议使用该定制设备进行测试。

（3）调整与优化：如果实地测试结果未通过，则需要通过调整 AP 部署位置、调整 AP 功率、增加 AP 数量等方式加以改善，优化后再进行测试，直到测试通过。将优化后的结果记录到 AP 点位设计图中。

## 10.2  地勘报告内容

无线复勘通过后，确定 AP 点位设计图，并整理出地勘报告。地勘报告应包括以下内容。

（1）无线地勘报告（通过无线地勘系统输出）。

（2）无线地勘报告分析（对无线地勘报告进行摘要解析，并以 PowerPoint 演示文稿形式展现给客户）。

（3）AP 点位图（简要标注 AP 名称、点位、信道、编号等）。

（4）AP 点位图说明（对 AP 点位进行具体说明）。

（5）AP 信息表（名称、点位位置、信道、功率等，以 Excel 工作表形式保存）。

（6）物料清单（AP、馈线、天线等）。

（7）安装环境检查表（对 AP 安装环境进行检查并登记）。

# 📝 项目实践

## 任务 10-1  无线复勘

### ✍️任务描述

网络工程师完成 AP 点位图初稿后，为确保 AP 实际部署后信号能覆盖整个会展中心，现需要小蔡携带地勘测试专用工具箱到现场进行无线复勘，测试 AP 实际部署后的信号强度。

地勘测试专用工具箱包括以下设备：地勘专用移动电源、地勘专用 AP、地勘专用支架、安装地勘专用测试 App 的手机、安装地勘专用测试软件的笔记本计算机、配置线等。

### ✍️任务操作

#### 1. 无线复勘

（1）在 AP 点位图上选择测试点，并指定 AP 覆盖范围的 2～3 个最远点进行测试。针对目标 AP，小蔡选择了两个最远点进行测试。测试点位如图 10-1 所示。

（2）使用地勘专用移动电源为 AP 供电，按 AP 规划配置对 AP 进行配置，将 AP 架设在与 AP 点位设计图对应的位置（AP 实际安装位置）。

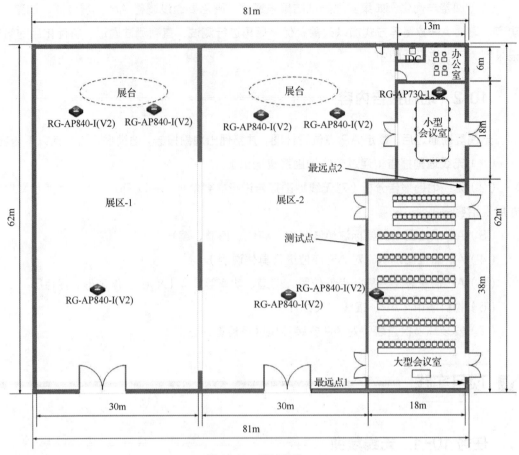

图 10-1　测试点位

（3）在两个最远点处使用手机（安装"无线魔盒"）测试 AP 信号的强度，结果如图 10-2
所示；使用笔记本计算机（安装 WirelessMon Professional）测试 AP 信号的强度，结果如
图 10-3 所示。

图 10-2　使用手机（安装"无线魔盒"）测试 AP 信号的强度

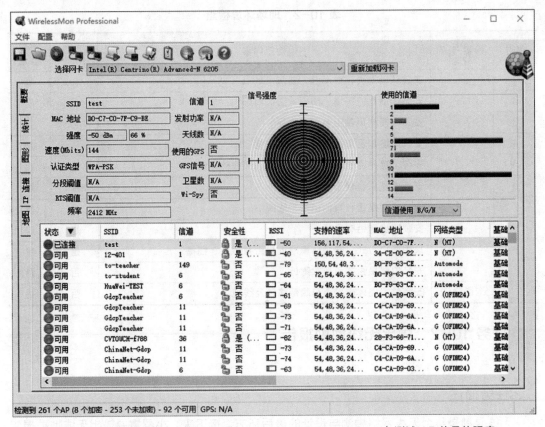

图 10-3　使用笔记本计算机（安装 WirelessMon Professional）测试 AP 信号的强度

在记录手机和笔记本计算机测试数据时，应选择测试软件中信号相对平稳的数值，并登记在无线复勘登记中，见表 10-1。

表 10-1　无线复勘登记

| AP 编号 | 测试位置 | 手机信号强度 | 笔记本计算机信号强度 |
|---|---|---|---|
| AP-7 | 大型会议室东南角 | −53dBm | −50dBm |
| AP-7 | 大型会议室东北角 | −53dBm | −49dBm |
| …… | | | |

在地勘现场测试中，如果测试点的数据不合格，则应当根据现场情况，适当调整 AP 位置或 AP 功率，直到测试点数据合格为止。同时，应根据调整的 AP 信息（如位置、功率等）修订原来的设计文档。

**2．现场环境检查**

小蔡在现场进行无线复勘的同时，需要检查安装环境并进行记录，确保 AP 能够根据点位图进行安装和后期维护，并登记检查结果。现场环境检查见表 10-2。

表 10-2　现场环境检查

| 序号 | 检查方法 | 检查内容 | 检查结果 | 是否通过 |
|---|---|---|---|---|
| 1 | 现场检查 | 安装环境是否存在潮湿、易漏水地点 | 否 | 是 |
| 2 | | 安装环境是否干燥、防尘、通风良好 | 是 | 是 |
| 3 | | 安装位置附近是否有易燃物品 | 否 | 是 |
| 4 | | 安装环境是否有阻挡信号的障碍物 | 否 | 是 |
| 5 | | 安装位置是否便于网线、电源线、馈线的布线 | 是 | 是 |
| 6 | | 安装位置是否便于维护和更换 | 是 | 是 |
| 7 | | 安装环境是否有其他信号干扰源 | 否 | 是 |
| 8 | | 安装环境是否有吊顶 | 是 | 是 |
| 9 | | 采用壁挂方式，安装环境附近是否有桥架、线槽 | 是 | 是 |
| 10 | | 安装位置是否在承重梁附近 | 否 | 是 |
| 11 | 沟通确认 | 安装位置墙体内是否有隐蔽线管及线缆 | 否 | 是 |

## 任务 10-2　输出无线地勘报告

### 任务描述

无线复勘是整个无线网络勘测与设计的最后环节。接下来，小蔡需要输出无线地勘报告给用户做最终确认。输出无线地勘报告要点如下。

（1）使用无线地勘系统，根据复勘的结果优化原 AP 部署方案。

（2）使用无线地勘系统导出无线地勘报告。

（3）在导出的无线地勘报告的基础上对地勘报告进行修订，要点如下。

- 根据用户的网络建设需求修改无线网络容量设计。
- 物料清单需要补充无线 AC、PoE 交换机、馈线、天线等内容。

### 任务操作

#### 1. 输出无线地勘报告

在无线地勘系统中优化原无线网络工程后，单击右上角的"导出"菜单，选择"导出报告"命令，在弹出的"导出报告"对话框中选择"按热图"，并按工程要求输出 2.4GHz 相关的热图，如图 10-4 所示。单击"导出报告"按钮输出无线地勘报告。

#### 2. 制作地勘汇报 PowerPoint 演示文稿

无线地勘报告完成后，网络工程师需要向会展中心网络部汇报本次地勘的结果。为方便进行汇报，网络工程师需要对地勘报告及其他材料清单进行整理，制作一份地勘汇报 PowerPoint 演示文稿。

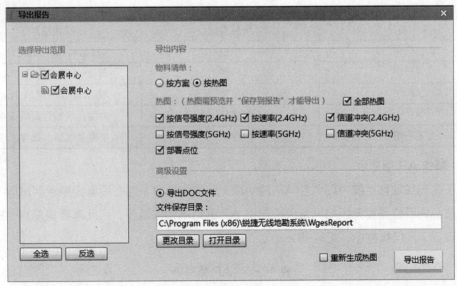

图 10-4　输出无线地勘报告

### 3．物料清单优化

由于无线地勘系统导出报告时物料清单只输出了无线 AP 数量，网络工程师需要将其他设备手动添加到地勘报告中。考虑到 AP 的供电，需要配备一台 PoE 交换机。同时，会展中心无线覆盖拟用无线 AC 对 AP 进行统一管理，因此需要配备一台无线 AC。最终确定的物料清单见表 10-3。

表 10-3　物料清单

| 楼层信息 | 设备类型 | 设备型号 | 数量 |
|---|---|---|---|
| 会展中心 | 无线 AP | RG-AP730-I | 1 |
| | 无线 AP | RG-AP840-I(V2) | 7 |
| 核心机房 | PoE 交换机 | RG-S2910-24GT4XS-UP-H | 1 |
| | 无线 AC | RG-WS6008 | 1 |
| 合计 | | | 10 |

### 4．制作 AP 点位图说明

AP 点位图已标注出 AP 的大致安装位置，为了方便施工人员到现场安装 AP，需要制作 AP 点位图说明，清晰地描述 AP 具体安装位置。AP 点位图说明见表 10-4。

表 10-4　AP 点位图说明

| AP 名称 | 安装方式 | 安装位置 |
|---|---|---|
| AP-1 | 吊顶 | 展区-1 展台东南角 |
| AP-2 | 吊顶 | 展区-1 展台西南角 |
| AP-3 | 吊顶 | 展区-2 展台东南角 |

续表

| AP 名称 | 安装方式 | 安装位置 |
|---------|----------|----------|
| AP-4 | 吊顶 | 展区-2 展台西南角 |
| AP-5 | 吊顶 | 展区-1 正门向北 15m |
| AP-6 | 吊顶 | 展区-2 正门向北 15m |
| AP-7 | 壁挂 | 大型会议室西面墙正中 |
| AP-8 | 壁挂 | 小型会议室北面墙正中 |

### 5. 制作 AP 信息表

由于在无线地勘系统中已调整 AP 的功率、信道等信息，而在设备安装后调试时不可能直接按照 AP 点位图或无线地勘系统来配置 AP 的功率和信道等，因此需要提前将 AP 相关信息整理到 AP 信息表中，见表 10-5。

表 10-5　AP 信息表

| AP 名称 | 型号 | 2.4GHz 信道 | 2.4GHz 功率/dBm | 5GHz 信道 | 5GHz 功率/dBm | 安装区域 |
|---------|------|-------------|------------------|-----------|---------------|----------|
| AP-1 | RG-AP840-I(V2) | 1 | 20 | 149 | 20 | 展区-1 |
| AP-2 | RG-AP840-I(V2) | 6 | 20 | 157 | 20 | 展区-1 |
| AP-3 | RG-AP840-I(V2) | 11 | 20 | 165 | 20 | 展区-2 |
| AP-4 | RG-AP840-I(V2) | 1 | 20 | 149 | 20 | 展区-2 |
| AP-5 | RG-AP840-I(V2) | 11 | 20 | 165 | 20 | 展区-1 |
| AP-6 | RG-AP840-I(V2) | 6 | 20 | 157 | 20 | 展区-2 |
| AP-7 | RG-AP840-I(V2) | 1 | 20 | 149 | 20 | 大型会议室 |
| AP-8 | RG-AP730-I | 6 | 20 | 157 | 20 | 小型会议室 |

## 项目验证

项目完成后，需要导出无线地勘报告，具体如下。

无线地勘报告

# 项目拓展

（1）无线地勘前期准备有（　　）。（多选）

    A．获取并熟悉覆盖区域平面图　　　　　B．初步了解用户接入需求

    C．初步了解用户现网情况　　　　　　　D．确定用户方项目对接人

    E．勘测工具准备　　　　　　　　　　　F．勘测软件准备

（2）地勘报告包括（　　）。（多选）

    A．无线地勘报告　　　　　　　　　　　B．无线地勘报告分析

    C．AP 点位图　　　　　　　　　　　　D．AP 点位图说明

    E．AP 信息表　　　　　　　　　　　　F．物料清单

    G．安装环境检查表

# 项目11
## 会展中心智能无线网络的部署

# 11

扩展知识

## 项目描述

　　某会展中心对 Jan16 公司提供的无线地勘报告非常满意,并按无线地勘报告的物料清单完成了无线 AC、无线 AP、交换机、PoE 适配器等设备的采购,将所有的 AP 都安装到指定位置,现将进行设备的调试工作。

　　鉴于对 Jan16 公司网络工程师专业性的高度认可,会展中心决定继续由 Jan16 公司进行设备的调试。一期项目拟先启用会展中心展区的两个 AP,并帮助会展中心的网络管理员熟悉无线网络的配置与管理工作。一期项目网络拓扑如图 11-1 所示。

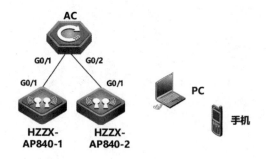

图 11-1　会展中心智能无线网络部署一期项目网络拓扑

　　无线局域网的组网根据实际的应用场景可以采用不同的方式。对大多数家庭和小型企业办公室来说多采用无线路由器或 Fat AP 组网,但是对大型的局域网来说就必须采用 Fit AP 组网。而智能无线网络通常就是指 Fit AP 无线组网方式,它由 "AC+AP" 构成。会展中心无线网络覆盖项目正是采用这种组网方式。

　　要熟悉智能无线网络的配置与管理,需要掌握以下知识。

　　(1)熟悉 Fat AP 和 Fit AP 的区别。

　　(2)熟悉 Fit AP 的工作原理。

　　(3)了解 CAPWAP 基本原理。

　　(4)了解二层漫游与三层漫游。

（5）了解直接转发与隧道转发。

会展中心智能无线网络部署一期项目由一台 AC 和两台 AP 构成，由于 RG-WS6008 有 8 个有线网接口且 AP 到 AC 的距离不超过 100m，因此本项目可以通过"AC+AP"的方式进行部署，具体由以下两个部分构成。

（1）会展中心智能无线网络的 VLAN 规划、端口互联规划、IP 地址规划、WLAN 规划等。

（2）会展中心智能无线网络的部署与测试。

# 📝 项目相关知识

## 11.1 Fat AP 与 Fit AP

### 1. Fat AP 在大规模网络应用中的劣势

Fat AP 适用于小型公司、办公室、家庭等无线覆盖场景（相关知识见项目 3）。在中大型网络应用中，网络管理员需要部署几十甚至几千台 AP 来实现整个园区网络的无线覆盖，例如一个 10000 人规模的学校需要的 AP 数量在 2000 左右。Fat AP 在部署时必须针对每一台 AP 进行配置和管理，包括 AP 命名、SSID 配置、信道配置、ACL 配置等。试想一下，网络管理员需要对几千台 AP 都单点管理时，如何应对以下任务。

- 修改所有 AP 的黑白名单。
- 修改所有 AP 的 SSID。
- 修改所有 AP 的 5GHz 工作频段。
- 每天检测出现故障 AP 的数量和位置。
- 巡检 AP，并针对 AP 信道冲突做优化。

……

若有大量的 AP 需要管理，采用单点管理会给管理员带来巨大的压力，也会暴露出 Fat AP 在进行大规模网络部署时存在的弊端，举例如下。

- WLAN 组网需要对 AP 进行逐一配置，例如网关 IP 地址、SSID 加密认证方式、QoS 策略等，这些基础配置工作需要大量的人工成本。
- 管理 AP 时需要维护一张 AP 的专属 IP 地址列表，维护地址关系的工作量大。
- 查看网络运行状况和用户统计、在线更改服务策略和安全策略设定时，都需要逐一登录到 AP 设备上才能完成相应的操作。
- 不支持无线三层漫游功能，用户移动办公体验差。
- 升级 AP 软件需要对设备逐一进行手动升级，对 AP 设备进行重配置时需要进行全网重配置，维护成本高。

## 2．Fit AP

因为采用 Fat AP 进行大规模组网管理比较繁杂，也不支持用户的无缝漫游，所以在大规模组网中一般采用"AC+Fit AP"组网方式。"AC+Fit AP"组网方式对设备的功能进行了重新划分，具体如下。

- AC 负责无线网络的接入控制、转发和统计，以及 AP 的配置监控、漫游管理、网管代理、安全控制。
- Fit AP 负责 802.11 报文的加密和解密、802.11 的物理层功能、接受 AC 的管理、射频空口的统计等简单功能。

### 3．Fat AP 与 Fit AP 组网比较

Fat AP 与 Fit AP 组网方式如图 11-2 所示。从图 11-2 中可以看出，Fit AP 的管理功能全部交由 AC 负责，Fit AP 只负责信号的传输等简单功能，对于全网 Fit AP 的管理和配置，只需要在 AC 上统一进行，可极大简化 Fit AP 的管理工作。Fit AP 组网方式具有以下优点。

（1）集中管理，只需在 AC 上配置，AP 零配置，管理简便。

（2）Fit AP 启动时自动从 AC 下载配置信息，AC 还可以对 Fit AP 进行自动升级。

（3）增加射频环境监控，可基于用户位置部署安全策略，实现高安全性。

（4）支持二层和三层漫游，适合大规模组网。

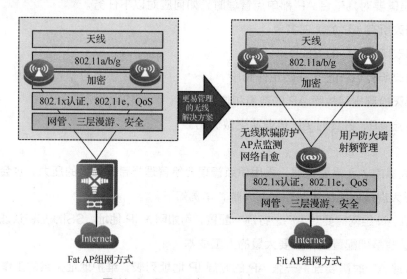

图 11-2　Fat AP 与 Fit AP 组网方式

Fat AP 与 Fit AP 组网比较见表 11-1。在大规模组网部署应用的情况下，Fit AP 具有方便集中管理、支持三层漫游、可基于用户下发权限等优势。因此，Fit AP 更能适应 WLAN 发展趋势。

表 11-1　Fat AP 与 Fit AP 组网比较

| 对比内容 | Fat AP | Fit AP |
|---|---|---|
| 安全性 | 传统加密、认证方式，普通安全性 | 支持射频环境监控、基于用户位置安全策略，高安全性 |
| 网络管理 | 对每个 AP 下发配置文件 | 在 AC 上配置，AP 本身零配置 |
| 用户管理 | 类似有线网络根据 AP 接入的有线端口区分权限，需针对每一台 AP 进行配置 | 根据用户名区分权限，全网统一管理 |
| 业务能力 | （1）支持二层漫游；<br>（2）实现简单数据接入 | （1）支持二层、三层漫游；<br>（2）可通过 AC 增强业务 QoS、安全等功能；<br>（3）AP 功率、信道可智能调整 |
| LAN 组网规模 | 适合小规模组网，成本较低 | （1）存在多厂商兼容性问题，AC 和 AP 间采用 CAPWAP，但各厂商未能采用统一的 CAPWAP 隧道，因此组网时一般需要采用相同厂商的设备；<br>（2）与原网络拓扑无关，适合大规模组网，成本较高 |

### 4．Fit AP 组网方式

AP 与 AC 之间的组网方式可分为二层组网方式和三层组网方式两种。

（1）二层组网方式

当 AC 与 AP 之间的网络为直连网络或者二层网络时，此组网方式为二层组网。Fit AP 和 AC 属于一个二层广播域，Fit AP 和 AC 之间通过二层交换机互联。二层组网比较简单，适用于简单或临时的组网，能够进行比较快速的组网配置，但该方式不适用于大型组网架构。由于本项目中的会展中心只有一层，且 AP 数量较少，非常适合这种组网方式。二层组网方式如图 11-3 所示。

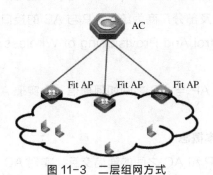

图 11-3　二层组网方式

（2）三层组网方式

当 AP 与 AC 之间的网络为三层网络时，此组网方式为三层组网。该方式下 Fit AP 和 AC 属于不同的 IP 地址网段，Fit AP 和 AC 之间的通信需要通过路由器或者三层交换机的路由转发功能来完成。

在实际组网中，一台 AC 可以连接几十甚至几千台 AP，组网一般比较复杂。例如在校园网络中，AP 可以部署在教室、宿舍、会议室、体育馆等场所，而 AC 通常部署在核心机房，这样 AP 和 AC 之间的网络就必须采用比较复杂的三层网络。三层组网方式如图 11-4 所示。

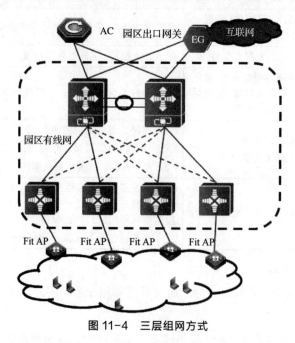

图 11-4　三层组网方式

## 11.2　CAPWAP 隧道技术

在 Fit AP 组网方式中，AC 负责 AP 的管理与配置，那么 AC 和 AP 如何相互发现和通信呢？在以 AC+Fit AP 为架构的 WLAN 下，AP 与 AC 通信接口的定义成为整个无线网络的关键。国际标准化组织以及部分厂商为统一 AP 与 AC 的接口制定了一些规范，目前普遍使用的是 CAPWAP（Control And Provisioning of Wireless Access Points，无线接入点控制和配置）协议。

CAPWAP 协议定义了 AP 与 AC 之间如何通信，为实现 AP 和 AC 的互通提供了一个通用封装和传输机制。

### 1. CAPWAP 协议基本概念

CAPWAP 协议用于 AP 和 AC 之间的通信交互，实现 AC 对其所关联的 AP 的集中管理和控制。该协议主要包括以下内容。

（1）AP 对 AC 的自动发现及 AP 和 AC 的状态机运行、维护。AP 启动后将通过 DHCP 自动获取 IP 地址，并基于用户数据报协议（User Datagram Protocol，UDP）主动联系 AC，AP 运行后将接受 AC 的管理与监控。

（2）AC 对 AP 进行管理、业务配置下发。AC 负责 AP 的配置管理，包括 SSID、VLAN、信道、功率等内容。

（3）STA 数据封装后通过 CAPWAP 隧道进行转发。在隧道转发模式下，STA 发送的数据将被 AP 封装成 CAPWAP 报文，然后通过 CAPWAP 隧道发送到 AC，由 AC 负责转发。

### 2. CAPWAP 的隧道转发与直接转发

从 STA 数据报文转发的角度出发，可将 Fit AP 的架构分为两种：隧道转发模式和直接转发模式。

（1）隧道转发模式

在隧道转发模式里，所有 STA 数据报文和 CAPWAP 控制报文都通过 CAPWAP 隧道转发到 AC，再由 AC 集中交换和处理，如图 11-5 所示。因此，AC 不但要对 AP 进行管理，还要作为 AP 流量的转发中枢。

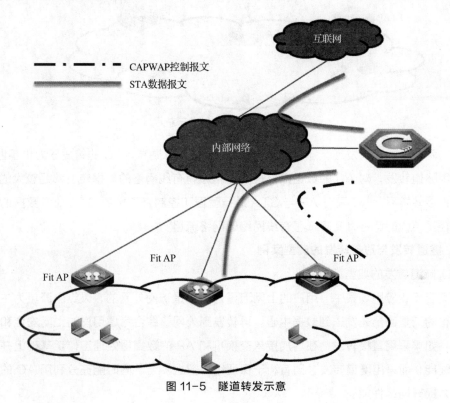

图 11-5　隧道转发示意

（2）直接转发模式

在直接转发模式里，AC 只对 AP 进行管理，业务数据都由本地直接转发，即 AP 管理流封装在 CAPWAP 隧道中，转发给 AC，由 AC 负责处理，如图 11-6 所示。AP 的业务流不加 CAPWAP 封装，而直接由 AP 转发给上联交换设备，然后交换机进行直接转发。因此，对于用户数据，其对应的 VLAN 对 AP 不透明，AP 需要根据用户所处的 VLAN 添加相应的 802.1q 标签，然后转发给上联交换机，交换机则按 802.1q 规则直接转发数据报。

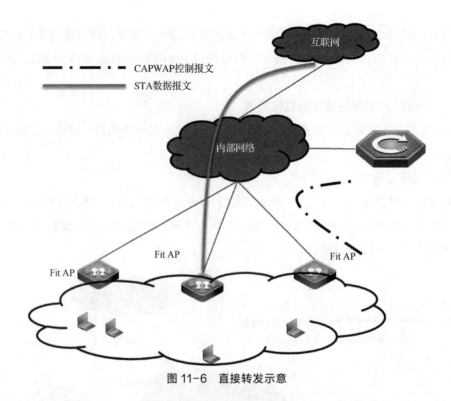

图 11-6　直接转发示意

　　对比两种模式可以发现，随着 STA 传输速率的不断提高，AC 的转发压力也不断增大。如果采用隧道转发，对 AC 的数据报处理能力和原有有线网络的数据转发都是较大的挑战。而采用直接转发后，AC 只对 AP 与 STA 进行管理和控制，不负责 STA 业务数据的转发，这既减轻了 AC 的负担，又降低了有线网络的网络流量。

**3．隧道转发与直接转发的典型案例**

（1）隧道转发的典型案例

　　在酒店无线应用场景中，用户的上网流量几乎都是访问外网的，以纵向流量为主，因此几乎所有的流量都是先发送到数据中心，再转发到外网。综合考虑用户的上网安全和网络流量特征，如果采用直接转发，在增加接入交换机和 AP 的数据报处理工作量基础上并不能提升网络性能；而采用隧道转发，则有利于保证用户数据安全，同时能充分利用 AC 的数据报处理能力提升网络性能。

（2）直接转发的典型案例

　　在校园网基于无线网络开展的互动教学场景中，教师计算机和学生平板计算机在教室内部有大量的数据交互，以横向流量为主。如果采用隧道转发，这些数据都需要从教室经由骨干网发送到数据中心 AC，然后经由骨干网转发回教室的各设备，这些数据相当于都必须由教室到数据中心 AC 转一个来回，既耗费有线网络和无线 AC 的资源，又使数据延迟增加。如果采用直接转发，这些数据将直接通过教室本地交换机进行处理，不仅可降低骨干网负载，而且可有效解决数据延迟的问题。

## 11.3 CAPWAP 隧道建立过程

AP 启动后先要找到 AC，然后与 AC 建立 CAPWAP 隧道，需要经历 AP 通过 DHCP 获得 IP 地址（DHCP）、AP 通过"发现"机制寻找 AC（Discover）、AP 和 AC 建立 DTLS 连接（DTLS Connect）、在 AC 中注册 AP（Join）、固件升级（Image Data）、AP 配置请求（Configure）、AP 状态事件响应（State Event）、AP 工作（Run）、AP 配置更新管理（Update Config）等过程和状态，如图 11-7 所示。

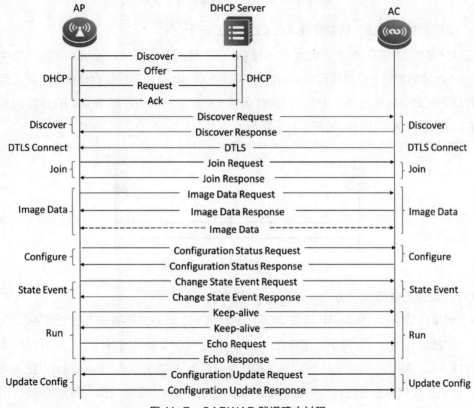

图 11-7　CAPWAP 隧道建立过程

### 1. AP 通过 DHCP 获得 IP 地址（DHCP）

AP 启动后，它首先将作为一个 DHCP Client（客户端）寻找 DHCP Server（服务器）。当它找到 DHCP Server 后将最终获得 IP 地址、租约、DNS、Option 字段信息等配置信息。其中 Option 字段信息包含 AC 的地址列表，AP 获取 IP 地址后将通过 Option 字段信息里面的地址联系 AC。

AP 和 DHCP Server 通信并获取 IP 地址的过程包括 Discover（发现）、Offer（提供）、Request（请求）、Ack（确认），如图 11-8 所示。

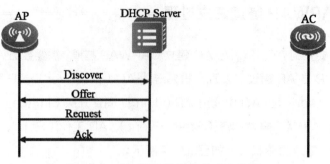

图 11-8　AP 获取 IP 地址的 4 个步骤

### 2. AP 通过"发现"机制寻找 AC（Discover）

在 AP 通过 DHCP 获得 IP 地址的过程中，AP 是从 DHCP 的 Option 字段信息中获取 AC 的 IP 地址列表的。但如果网络原有的 DHCP Server 并没有提供这项配置，那么网络工程师可以预先对 AP 配置 AC IP 地址列表，这样 AP 启动后就可以基于 AC IP 地址列表寻找 AC 了。AP 寻找 AC 的过程如图 11-9 所示。

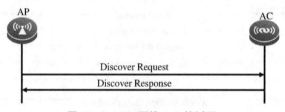

图 11-9　AP 寻找 AC 的过程

AP 可以通过单播或广播寻找 AC，具体情形如下。

- 单播寻找 AC：如果 AP 存在 AC IP 地址列表，则通过单播发送报文给 AC。
- 广播寻找 AC：如果 AP 不存在 AC IP 地址列表或单播没有回应，则通过广播发送报文寻找 AC。AP 会给 AC IP 地址列表的所有 AC 发送 Discover Request（发现请求）报文，当 AC 收到后会发送一个单播 Discover Response（发现响应）报文给 AP。因此，AP 可能收到多个 AC 的 Discover Response，AP 将根据 AC 响应数据报中的 AC 优先级或者其他策略（如 AP 个数等）来确定与哪个 AC 建立 CAPWAP 隧道。

### 3. AP 和 AC 建立 DTLS 连接（DTLS Connect）

DTLS 提供了 UDP 传输场景下的安全解决方案，能防止消息被窃听、篡改和身份冒充等问题。

在 AP 通过"发现"机制寻找 AC 的过程中，AP 接收到 AC 的响应报文后，它开始与 AC 建立 CAPWAP 隧道。由于从下一步在 AC 中注册 AP（Join）开始的 CAPWAP 控制报文都必须经过 DTLS 加密传输，因此在本阶段 AP 和 AC 将通过"协商"建立 DTLS 连接，如图 11-10 所示。

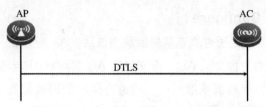

图 11-10　AC 和 AP 建立 DTLS 连接

### 4. 在 AC 中注册 AP（Join）

在 AC 中注册 AP，前提是 AC 和 AP 工作在相同的工作机制上，包括系统版本号、控制报文优先级等信息。在 AC 中注册 AP 的过程如图 11-11 所示。

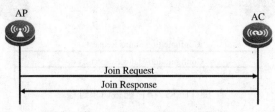

图 11-11　在 AC 中注册 AP 的过程

AP 和 AC 建立 CAPWAP 隧道后，AC 与 AP 开始建立控制通道。在建立控制通道的过程中，AP 通过发送 Join Request（加入请求）报文将 AP 的相关信息（如 AP 版本信息、组网模式信息等）发送给 AC。AC 收到该报文后，将校验 AP 是否在黑、白名单中（如果 AC 开启了黑名单，AP 不在黑名单中即通过校验，如果 AC 开启了白名单，AP 需要在白名单中才可通过校验），通过黑、白名单校验后，AC 会检查 AP 的当前版本。如果 AP 的版本与 AC 要求的版本不匹配，AP 和 AC 会进入 Image Data 状态进行固件升级，并更新 AP 的版本；如果 AP 的版本符合要求，则发送 Join Response（加入响应）报文（主要包括用户配置的升级版本号、握手报文间隔/超时时间、控制报文优先级等信息）给 AP，然后进入 Configure 状态进行 AP 配置请求。

### 5. 固件升级（Image Data）

AP 比对 AC 的版本信息，如果 AP 版本较旧，则 AP 通过 Image Data Request（映像数据请求）和 Image Data Response（映像数据响应）报文在 CAPWAP 隧道上开始更新软件版本，AP 固件升级过程如图 11-12 所示。AP 在软件更新完成后会重新启动，重新进行 AC 发现、建立 CAPWAP 隧道等过程。

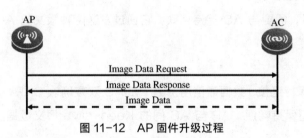

图 11-12　AP 固件升级过程

### 6. AP 配置请求（Configure）

AP 在 AC 中注册成功且固件版本信息检测通过后，AP 将发送 Configuration Status Request（配置状态请求）报文给 AC，报文包括 AC 名称、AP 当前配置状态等信息。

AC 收到 AP 的配置状态请求报文后，将进行 AP 的现有配置和 AC 设定配置的匹配检查。如果不匹配，AC 会通过 Configuration Status Response（配置状态响应）报文将最新的 AP 配置信息发送给 AP，对 AP 的配置进行覆盖。AP 配置请求过程如图 11-13 所示。

图 11-13　AP 配置请求过程

### 7. AP 状态事件响应（State Event）

AP 完成配置更新后，AP 将会发送 Change State Event Request（更改状态事件请求）报文，其中包含 Radio、Result、Code 等配置信息。AC 接收到 Change State Event Request 报文后，会对 AP 配置信息进行数据检测，如果不匹配，则重新进行 AP 配置请求；如果检测通过，AP 将进入 Run（工作）状态，开始提供无线接入服务。

AP 除了在完成第一次配置更新时会发送 Change State Event Request 报文外，AP 自身工作状态发生变化时也会通过发送 Change State Event Request 报文告知 AC。AP 状态事件响应过程如图 11-14 所示。

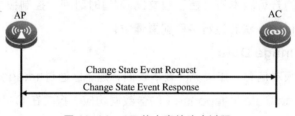

图 11-14　AP 状态事件响应过程

### 8. AP 工作（Run）

AP 开始工作后，需要与 AC 保持互联，它通过发送两种报文给 AC 来维护 AC 和 AP 的数据隧道和控制隧道。

（1）数据隧道

Keep-alive（保持连接）数据通信用于 AP 和 AC 双方确认 CAPWAP 数据隧道的工作状态，确保数据隧道保持畅通。AP 与 AC 间的 Keep-alive 报文数据隧道周期性检测机制如图 11-15 所示。AP 周期性发送 Keep-alive 报文到 AC，AC 收到后将确认数据隧道状态，如果正常，AC 也将回应 Keep-alive 报文，AP 保持当前状态继续工作，定时器重新开始计时；如果不正常，AC 则会根据故障类型进行自动排障或发出警告。

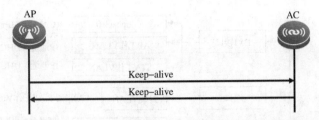

图 11-15　AP 与 AC 间的 Keep-alive 数据隧道周期性检测机制

（2）控制隧道

AP 与 AC 间的 Echo 控制隧道周期性检测机制如图 11-16 所示。AP 周期性发送 Echo Request（回显请求）报文给 AC，并希望得到 AC 的回复以确定控制隧道的工作状态，该报文包括 AP 与 AC 间控制隧道的相关状态信息。

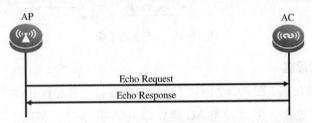

图 11-16　AP 与 AC 间的 Echo 控制隧道周期性检测机制

AC 收到 Echo Request 报文后，将检测控制隧道的状态，没有异常则回应 Echo Response（回显响应）报文给 AP，并重置隧道超时定时器；如果有异常，AC 则会进入自检程序或发出警告。

### 9. AP 配置更新管理（Update Config）

当 AC 在运行状态中需要对 AP 进行配置更新操作时，AC 发送 Configuration Update Request（配置更新请求）报文给 AP，AP 收到该报文后将发送 Configuration Update Response（配置更新响应）报文给 AC，并进入配置更新过程，如图 11-17 所示。

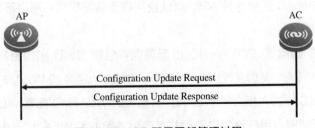

图 11-17　AP 配置更新管理过程

## 11.4　Fit AP 配置过程

AP 的配置主要分为有线部分和无线部分，各部分对应的配置逻辑如图 11-18 所示。

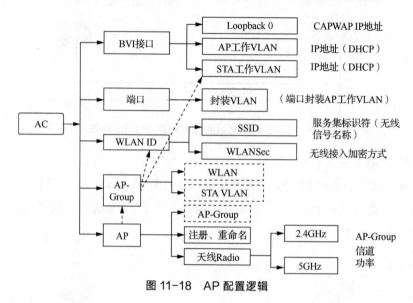

图 11-18　AP 配置逻辑

### 1. 有线部分的配置

（1）BVI 接口的配置。在 AC 上创建 Loopback 0 接口并配置 IP 地址，作为 CAPWAP 隧道地址，AP 需通过这个 IP 地址与 AC 建立 CAPWAP 隧道；创建 AP 的工作 VLAN，并配置该 VLAN 的 IP 地址，然后在对应的 DHCP 地址池中将其配置为网关，AP 连接到 AC 后，它将从这个 VLAN 关联的 DHCP 地址池中租用 IP 地址；创建 STA 的工作 VLAN，并配置该 VLAN 的 IP 地址，然后在对应的 DHCP 地址池中将其配置为网关，STA 连接到无线网络后，它将从这个 VLAN 关联的 DHCP 地址池中租用 IP 地址。

（2）端口的配置。无线网络工作在多个 VLAN，与 AP 互联的端口首先需要为 AP 获取 IP 地址提供服务，因此它的 Access VLAN（若链路模式为 Trunk，则为 Native VLAN）必须和 AP 工作 VLAN 一致，如果该端口还必须转发其他网段的数据包，如 STA 工作 VLAN 的数据包，则它的链路模式须配置为 Trunk（AP 使用直接转发模式，直接转发模式将在后面的项目中介绍），本项目中 AC 直接连接 AP，默认使用隧道转发模式，所以不需要配置为 Trunk。

### 2. 无线部分的配置

（1）WLAN ID 的配置。WLAN ID 的配置内容包括 SSID 和加密方式，AC 支持多个 WLAN，通过多个 WLAN 发射多个 Wi-Fi 信号；创建 WLAN 的 WLAN ID 并配置 SSID，用户可以通过搜索 SSID 加入相应的 WLAN；对相应的 WLAN ID 配置 WLANSec（可选项），可以对 WLAN 进行加密，用户需要输入预共享密钥才能加入 WLAN。WLANSec 为选配项，若不进行配置，则为开放式网络。

（2）AP-Group 的配置。创建 AP-Group，在 AP-Group 中将 WLAN 和 VLAN 进行关联，STA 连接到 WLAN 后，将通过 WLAN 对应的 VLAN 获取 IP 地址；1 个 AP-Group 可以同多个 WLAN 和 VLAN 建立关联以提供多个 Wi-Fi（SSID）接入服务，还可以针对这些不同的 Wi-Fi 接入服务部署不同的服务质量。

（3）AP 的配置。AP 需要在 AC 中注册才能进行工作，从 CAPWAP 隧道技术相关知识可以了解到，AP 接入网络后将自动获取 IP 地址，然后和 AC 通信下载配置，最终开始正常工作。在 AC 中完成 AP 的配置主要涉及以下内容。

① 通过 AP 的 MAC 地址在 AC 中注册 AP。

② 对 AP 进行重命名。

③ 对 AP 的天线进行配置（2.4GHz 和 5GHz），包括信道和功率等参数。

④ 将 AP 添加到 AP-Group 中。

## 📝 项目规划设计

### 项目拓扑

由于会展中心的网络是新安装的，本项目仅用于测试，因此将采用 AP 和 AC 直连方式部署，其网络拓扑如图 11-19 所示。

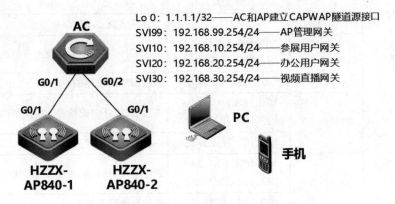

图 11-19　会展中心智能无线网络部署项目网络拓扑

### 项目规划

根据图 11-19 所示的拓扑进行项目的业务规划，项目 11 的 VLAN 规划、设备管理规划、端口互联规划、IP 地址规划、WLAN 规划、AP-Group 规划、AP 规划见表 11-2～表 11-8。

表 11-2　项目 11 VLAN 规划

| VLAN | VLAN 命名 | 网段 | 用途 |
|---|---|---|---|
| VLAN 10 | guest | 192.168.10.0/24 | 参展用户网段 |
| VLAN 20 | office | 192.168.20.0/24 | 办公用户网段 |
| VLAN 30 | video | 192.168.30.0/24 | 视频直播网段 |
| VLAN 99 | AP-Guanli | 192.168.99.0/24 | AP 网段 |

表 11-3　项目 11 设备管理规划

| 设备类型 | 型号 | 设备命名 | 用户名 | 密码 | 特权密码 |
|---|---|---|---|---|---|
| 无线接入点 | RG-AP840-I(V2) | HZZX-AP840-1 | N/A | N/A | N/A |
| | | HZZX-AP840-2 | N/A | N/A | N/A |
| 无线控制器 | RG-WS6008 | AC | admin | Jan16 | Jan16 |

表 11-4　项目 11 端口互联规划

| 本端设备 | 本端端口 | 端口配置 | 对端设备 | 对端端口 |
|---|---|---|---|---|
| HZZX-AP840-1 | G0/1 | N/A | AC | G0/1 |
| HZZX-AP840-2 | G0/1 | N/A | | G0/2 |
| AC | G0/1 | access | HZZX-AP840-1 | G0/1 |
| | G0/2 | access | HZZX-AP840-2 | G0/1 |

表 11-5　项目 11 IP 地址规划

| 设备 | 接口 | IP 地址 | 用途 |
|---|---|---|---|
| AC | Loopback 0 | 1.1.1.1/32 | 与 AP 建立 CAPWAP 隧道 |
| | VLAN 10 | 192.168.10.1/24～192.168.10.253/24 | 通过 DHCP 分配给参展用户终端 |
| | | 192.168.10.254/24 | 参展用户网段网关 |
| | VLAN 20 | 192.168.20.1/24～192.168.20.253/24 | 通过 DHCP 分配给办公用户终端 |
| | | 192.168.20.254/24 | 办公用户网段网关 |
| | VLAN 30 | 192.168.30.1/24～192.168.30.253/24 | 通过 DHCP 分配给视频直播终端 |
| | | 192.168.30.254/24 | 视频直播网段网关 |
| | VLAN 99 | 192.168.99.1/24～192.168.99.253/24 | 通过 DHCP 分配给 AP 设备 |
| | | 192.168.99.254/24 | AP 管理网关 |
| HZZX-AP840-1 | G0/1 | DHCP | 从 VLAN 99 获取 IP 地址与 AC 建立 CAPWAP 隧道 |
| HZZX-AP840-2 | G0/1 | DHCP | 从 VLAN 99 获取 IP 地址与 AC 建立 CAPWAP 隧道 |

表 11-6　项目 11 WLAN 规划

| WLAN ID | SSID | 有无加密方式 | 是否广播 | 用途 |
|---|---|---|---|---|
| 1 | guest | 无 | 是 | 参展用户连接 SSID 以加入网络 |
| 2 | office | 有 | 是 | 办公用户连接 SSID 以加入网络 |
| 3 | video | 无 | 否 | 视频直播连接 SSID 以加入网络 |

表 11-7　项目 11 AP-Group 规划

| AP-Group | WLAN ID | VLAN ID | 用途 |
|---|---|---|---|
| HZZX | 1 | 10 | 连接 WLAN 1 的用户从 VLAN 10 获取 IP 地址 |
| | 2 | 20 | 连接 WLAN 2 的用户从 VLAN 20 获取 IP 地址 |
| | 3 | 30 | 连接 WLAN 3 的用户从 VLAN 30 获取 IP 地址 |

表 11-8　项目 11 AP 规划

| AP 名称 | MAC 地址 | AP-Group | AP-radio | 频率与信道 | 功率 |
|---|---|---|---|---|---|
| HZZX-AP840-1 | 5869.6c2f.d843 | HZZX | 1 | 2.4GHz，1 | 100% |
| HZZX-AP840-2 | 5869.6c2f.d84e | HZZX | 1 | 2.4GHz，6 | 100% |

# 项目实践

## 任务 11-1　会展中心 AC 的基础配置

微课视频

### 任务描述

本任务中，会展中心 AC 的配置包括以下内容。

（1）远程管理配置：配置远程登录和管理密码，以方便后期维护时远程登录。

（2）VLAN 和 IP 地址配置：创建 VLAN，配置各 VLAN 的 IP 地址。VLAN 10、VLAN 20、VLAN 30 的 IP 地址作为用户网关地址，VLAN 99 的 IP 地址作为设备远程管理 IP 地址。创建 Loopback 0 接口并配置 IP 地址，作为 AC 的 CAPWAP 隧道地址。

（3）端口配置：配置连接 AP 的端口默认 VLAN，AP 接入端口时属于该 VLAN。

（4）DHCP 服务配置：开启 DHCP 服务功能，创建 AP 和用户的 DHCP 地址池。AP 和用户接入网络后可以自动获取 IP 地址。

### 任务操作

#### 1. 远程管理配置

配置远程登录和管理密码。

```
Ruijie#configure terminal                              //进入全局配置模式

Ruijie(config)#hostname AC                             //配置设备名称

AC(config)#username admin password Jan16               //创建用户名和密码

AC(config)#enable password Jan16                       //设置特权模式密码

AC(config)#line vty 0 4                                //进入虚拟终端线路 0~4

AC(config-line)#login local                            //采用本地用户认证

AC(config-line)#exit                                   //退出
```

### 2. VLAN 和 IP 地址配置

创建 VLAN，配置各 VLAN 的 IP 地址；创建 Loopback 0 接口并配置 IP 地址。

```
AC(config)# vlan 99                                    //创建 VLAN 99

AC(config-vlan)#name AP-Guanli                         //将 VLAN 命名为 AP-Guanli

AC(config-vlan)#exit                                   //退出

AC(config)# vlan 10                                    //创建 VLAN 10

AC(config-vlan)#name guest                             //将 VLAN 命名为 guest

AC(config-vlan)#exit                                   //退出

AC(config)# vlan 20                                    //创建 VLAN 20

AC(config-vlan)#name office                            //将 VLAN 命名为 office

AC(config-vlan)#exit                                   //退出

AC(config)# vlan 30                                    //创建 VLAN 30

AC(config-vlan)#name video                             //将 VLAN 命名为 video

AC(config-vlan)#exit                                   //退出

AC(config)#interface loopback 0                        //进入 Loopback 0 接口

AC(config-if)#ip address 1.1.1.1 255.255.255.255       //配置 IP 地址

AC(config-if)#exit                                     //退出

AC(config)# interface vlan 99                          //进入 VLAN 99

AC(config-if)#ip address 192.168.99.254 255.255.255.0  //配置 IP 地址

AC(config-if)#exit                                     //退出

AC(config)# interface vlan 10                          //进入 VLAN 10

AC(config-if)#ip address 192.168.10.254 255.255.255.0  //配置 IP 地址

AC(config-if)#exit                                     //退出

AC(config)# interface vlan 20                          //进入 VLAN 20

AC(config-if)#ip address 192.168.20.254 255.255.255.0  //配置 IP 地址

AC(config-if)#exit                                     //退出

AC(config)# interface vlan 30                          //进入 VLAN 30
```

```
AC(config-if)#ip address 192.168.30.254 255.255.255.0 //配置 IP 地址
AC(config-if-vlan 30)#exit                              //退出
```

### 3. 端口配置

配置连接 AP 的端口默认 VLAN。

```
AC(config-)#interface range GigabitEthernet 0/1-2 //进入 G0/1 和 G0/2 端口
AC(config-range-if)#switchport access vlan 99 //配置端口默认 VLAN 为 VLAN 99
AC(config-range-if)#exit    退出
```

### 4. DHCP 配置

开启 DHCP 服务功能，创建 AP 和用户的 DHCP 地址池。

```
AC(config)#service dhcp                          //开启 DHCP 服务
AC(config)#ip dhcp pool AP-Guanli                //创建 AP 管理的地址池
AC(dhcp-config)#option 138 ip 1.1.1.1  //配置分配的 138 选项字段指向 AC 的
Loopback 0 接口（CAPWAP 隧道）
AC(dhcp-config)# network 192.168.99.0 255.255.255.0 //配置分配的 IP 地址段
AC(dhcp-config)#default-router 192.168.99.254 //配置分配的网关地址
AC(dhcp-config)#exit                             //退出
AC(config)# ip dhcp pool guest                   //创建 guest 的地址池
AC(dhcp-config)# network 192.168.10.0 255.255.255.0 //配置分配的 IP 地址段
AC(dhcp-config)#default-router 192.168.10.254 //配置分配的网关地址
AC(dhcp-config)#exit                             //退出
AC(config)# ip dhcp pool office                  //创建 office 的地址池
AC(dhcp-config)# network 192.168.20.0 255.255.255.0 //配置分配的 IP 地址段
AC(dhcp-config)#default-router 192.168.20.254 //配置分配的网关地址
AC(dhcp-config)#exit                             //退出
AC(config)# ip dhcp pool video                   //创建 video 的地址池
AC(dhcp-config)# network 192.168.30.0 255.255.255.0 //配置分配的 IP 地址段
AC(dhcp-config)#default-router 192.168.30.254 //配置分配的网关地址
AC(dhcp-config)#exit                             //退出
```

### 任务验证

（1）在 AC 上使用 "show ip interface brief" 命令查看 IP 地址信息，如下所示。

```
AC#show ip interface brief
Interface      IP-Address(Pri)      IP-Address(Sec)  Status   Protocol
Loopback 0     1.1.1.1/32           no address       up       up
```

```
VLAN 1        no address        no address      up      down
VLAN 10       192.168.10.254/24 no address      down    down
VLAN 20       192.168.20.254/24 no address      down    down
VLAN 30       192.168.30.254/24 no address      down    down
VLAN 99       192.168.99.254/24 no address      up      up
```

可以看到 4 个 VLAN 接口和 1 个 Loopback 0 接口都已配置了 IP 地址。

（2）在 AC 上使用 "show interfaces status" 命令查看端口状态，如下所示。

```
AC#show interfaces status
Interface               Status      Vlan   Duplex    Speed       Type
--------------------    --------    ----   -------   ---------   ------
GigabitEthernet 0/1     up          99     Full      1000M       copper
GigabitEthernet 0/2     up          99     Full      1000M       copper
GigabitEthernet 0/3     down        1      Unknown   Unknown     copper
（省略部分内容……）
```

可以看到 G0/1 和 G0/2 端口均为 UP 状态并且属于 VLAN 99。

（3）在 AC 上使用 "show ap-config summary" 命令查看 AP 状态信息，如下所示。

```
AC(config)#show ap-config summary
（省略部分内容……）
AP Name       IP Address    Mac Address   Radio      Radio       Up/Off time State
-----------   ------------  -----------   ---------  ----------  ----------- ------
5869.6c2f.d843 192.168.99.1  5869.6c2f.d843 1 E 0 100 1*   2 E 0 100 149* 00:01:05 Run
5869.6c2f.d84e 192.168.99.2  5869.6c2f.d84e 1 E 0 100 1*   2 E 0 100 153* 00:01:08 Run
```

可以看到两个 AP 均处于 Run 状态。

## 任务 11-2　会展中心 AC 的 WLAN 配置

微课视频

### 任务描述

本任务中，会展中心 AC 的 WLAN 配置包括以下内容。

（1）SSID 配置：通过 wlan-config 创建 SSID，配置 SSID 名称、关闭广播 SSID、配置加密方式等。创建名为 guest 的 Wi-Fi，供参展用户使用；创建名为 office 的 Wi-Fi，配置无线密码，供办公用户使用；创建名为 video 的 Wi-Fi，关闭广播 SSID，供视频直播使用。

（2）AP-Group 配置：创建 AP-Group，并在 AP-Group 中关联 WLAN 和 VLAN，加入 WLAN 的用户属于所关联的 VLAN。

（3）AP 配置：修改 AP 的名称，并将 AP 加入 AP-Group，AP 释放出 AP-Group 所关联 WLAN 的 SSID。

 **任务操作**

### 1. SSID 配置

通过 wlan-config 创建 SSID，配置 SSID 名称、关闭广播 SSID、配置加密方式等。

```
AC(config)# wlan-config 1 guest              //创建 WLAN 1 的 SSID 为 guest
AC(config-wlan)# exit                        //退出
AC(config)# wlan-config 2 office             //创建 WLAN 2 的 SSID 为 office
AC(config-wlan)# exit                        //退出
AC(config)# wlan-config 3 video             //创建 WLAN 3 的 SSID 为 video
AC(config-wlan)# no enable-broad-ssid        //关闭广播 SSID
AC(config-wlan)# exit                        //退出
AC(config)#wlansec 2                         //进入 WLANSec 2（对应 WLAN 2）
AC(config-wlansec)#security rsn enable       //开启无线加密功能
AC(config-wlansec)#security rsn ciphers aes enable      //启用 AES 加密
AC(config-wlansec)#security rsn akm psk enable //启用共享密钥认证方式
AC(config-wlansec)#security rsn akm psk set-key ascii Jan16@office
                                             //配置无线密码
AC(config-wlansec)#exit                      //退出
```

### 2. AP-Group 配置

创建 AP-Group，并在 AP-Group 中关联 WLAN 和 VLAN。

```
AC(config)#ap-group HZZX                          //创建名为 HZZX 的 AP-Group
AC(config-ap-group)#interface-mapping 1 10   //配置 WLAN 1 关联参展用户 VLAN
AC(config-ap-group)#interface-mapping 2 20   //配置 WLAN 2 关联办公用户 VLAN
AC(config-ap-group)#interface-mapping 3 30   //配置 WLAN 3 关联视频直播 VLAN
AC(config-ap-group)#exit                      //退出
```

### 3. AP 配置

修改 AP 的名称，并将 AP 加入 AP-Group 中。

```
AC(config)# ap-config 5869.6c2f.d843          //进入 AP1 的配置模式
AC(config-ap-config)# ap-name HZZX-AP840-1   //修改 AP 名称
AC(config-ap-config)# ap-group HZZX           //将 AP1 加入 AP-Group HZZX
```

```
AC(config-ap-config)# channel 1 radio 1        //修改 AP 信道

AC(config-ap-config)# exit                     //退出

AC(config)# ap-config 5869.6c2f.d84e           //进入 AP2 的配置模式

AC(config-ap-config)# ap-name HZZX-AP840-2     //修改 AP 名称

AC(config-ap-config)# ap-group HZZX            //将 AP2 加入 AP-Group HZZX

AC(config-ap-config)# channel 6 radio 1        //修改 AP 信道

AC(config-ap-config)# exit                     //退出
```

## 任务验证

（1）在 AC 上使用"show wlan-config summary"命令查看 WLAN 配置信息，如下所示。

```
AC#show wlan-config summary

Total Wlan Num : 3

Wlan id  Profile Name        SSID                  STA NUM
-------- -------------------- --------------------- ---------
1                            guest      0
2                            office     0
3                            video      0
```

可以看到已经创建了"guest""office""video"这 3 个 SSID。

（2）在 AC 上使用"show wlan security 2"命令查看"office"的加密状态，如下所示。

```
AC#show wlan security 2

WLAN SSID            : office

Security Policy      : PSK

WPA version          : RSN(WPA2)

AKM type             : preshare key

pairwise cipher type: AES

group cipher type    : AES

wpa_passhraselen     : 15

wpa_passphrase       : 5a 68 6f 6e 67 72 75 69 40 6f 66 66 69 63 65

group key            : b0 8e 83 53 3e 5a ea fc 4f 74 f4 1a a9 1f 39 f9
```

可以看到 Security Policy 为"PSK"，WPA version 为"RSN(WPA2)"，AKM type 为"preshare key"。

## 项目验证

微课视频

（1）在 PC 上搜索无线信号，可以看到"guest"和"office"两个 SSID，如图 11-20 所示。

图 11-20　在 PC 上搜索无线信号

（2）PC 可以直接连接无线信号"guest"，如图 11-21 所示。

图 11-21　PC 可以直接连接无线信号"guest"

（3）在 PC 上按【Windows+X】组合键，在弹出的菜单中选择"Windows PowerShell"命令，打开"Windows PowerShell"窗口，使用"ipconfig"命令查看 IP 地址信息，如图 11-22 所示。可以看到 PC 获取了 192.168.10.0/24 网段的 IP 地址。

图 11-22　使用"ipconfig"命令查看 IP 地址信息

（4）PC 连接无线信号"office"，需要输入网络安全密钥，如图 11-23 所示。

图 11-23　PC 连接无线信号"office"

（5）PC 连接无线信号"office"后，按步骤（3）所述方法再次使用"ipconfig"命令查看 IP 地址信息，如图 11-24 所示。可以看到 PC 获取了 192.168.20.0/24 网段的 IP 地址。

图 11-24　再次使用"ipconfig"命令查看 IP 地址信息

（6）PC 连接隐藏的网络，输入"video"，可以连接成功，如图 11-25 所示。

图 11-25　PC 连接隐藏的网络

（7）PC 连接无线信号"video"后，按步骤（3）所述方法第 3 次使用"ipconfig"命令查看 IP 地址信息，如图 11-26 所示。可以看到 PC 获取了 192.168.30.0/24 网段的 IP 地址。

图 11-26　第 3 次使用"ipconfig"命令查看 IP 地址信息

## 项目拓展

（1）Fit AP 环境下可使用"（　　）"命令查看 AP 的工作信息。

  A．show ap-config summary   B．show ap-config running

  C．display ap running     D．display ap all

（2）无线产品中，AC 使用（　　）与 AP 建立隧道。

  A．互联 VLAN 地址     B．Loopback 0 地址

  C．Loopback 1 地址       D．通过命令指定的地址

（3）AP 与 AC 间跨三层网络时，使用 DHCP 的 option（ ）选项字段来获得 AC 的地址。

  A．43     B．138     C．183     D．82

（4）关于 AC 的 CAPWAP 源地址说法正确的是（ ）。

  A．只能用 Loopback 0 接口地址作为 CAPWAP 隧道源地址

  B．可以指定其他接口地址作为 CAPWAP 隧道源地址

  C．只能用 Loopback 接口地址作为 CAPWAP 隧道源地址

  D．只能用 WLAN 接口地址作为 CAPWAP 隧道源地址

# 项目12
## 酒店智能无线网络的部署

**12**

扩展知识

### 📝 项目描述

　　某酒店因未提供无线网络导致入住率较低，客户反馈酒店只提供有线网络，不便于手机和平板计算机的网络接入。为了给客户提供更好的网络服务，酒店决定委托 Jan16 公司对酒店网络进行改造，实现无线网络覆盖，确保房间信号覆盖无死角，满足客户网上交流及在线观看高清视频等需求。

　　酒店房间沿走廊呈对称结构，房间入口一侧为洗漱间，现有有线网络已经部署到房间内部办公台墙面内。为降低成本，酒店希望在不影响营业和不破坏原有装修的情况下进行无线网络项目改造。

#### 1. 产品选型

　　（1）考虑到现有酒店房间布局，该场景不适合在走廊采用放装型无线 AP 部署。酒店无线网络部署要求利旧，而智分型无线 AP 方案需进行馈线和天线安装，需要重新布线，所以智分型无线 AP 部署并不适合。因此该项目适合采用墙面型无线 AP 部署。

　　（2）将墙面型无线 AP 部署到各个房间内可以很好地满足酒店房间无线信号覆盖要求，且无须重新布线，并保留了原有有线网络接入。

#### 2. 无线网络规划与建设

　　利用原有有线网络建设无线网络，通常可以将接入层交换机连接到无线 AC，再将无线 AP 接入接入层交换机。

　　本次酒店升级改造项目中，酒店客房约 60 间，无线 AP 数量为 60～70，因此可以选用适合中小型无线网络使用的 RG-WS6008 作为 AC，并接入酒店交换机。墙面型无线 AP 型号为 RG-AP180-L，它集成了有线网络接口，可替换原有网络终端模块，并可安装在 86 底盒上。它不仅可满足用户无线网络接入要求，而且可兼顾原有线终端设备的接入。墙面型无线 AP 需要采用 PoE 供电，因此本次改造需要将原交换机替换为 PoE 交换机。

　　综上，本次项目改造具体有以下几个部分。

（1）使用 PoE 交换机替换原交换机，并将该交换机连接到 AC。

（2）酒店无线网络的 VLAN 规划、IP 地址规划、WLAN 规划等。

（3）酒店无线网络的部署与测试。

# 项目相关知识

## 12.1  PoE 概述

PoE 是指通过以太网进行供电，也被称为基于局域网的供电系统。它可以通过 10BASE-T、100BASE-TX、1000BASE-T 以太网供电。PoE 可有效解决 IP 电话、AP、摄像头、数据采集等终端的集中式电源供电问题。部署 AP 不需要再考虑室内电源系统布线的问题，在接入网络的同时就可以实现对设备的供电。使用 PoE 供电方式可节省电源布线成本，方便统一管理。

IEEE 802.3af 和 IEEE 802.3at 是 IEEE 定义的两种 PoE 供电标准。IEEE 802.3af 可以为终端提供的最大功率约为 13W，普遍适用于网络电话、室内无线 AP 等设备；IEEE 802.3at 可以为终端提供的最大功率约为 26W，普遍适用于室外无线 AP、视频监控系统、个人终端等。

## 12.2  AP 的供电方式

AP 的供电方式有 PoE 交换机供电、本地供电、PoE 模块供电 3 种。

### 1. PoE 交换机供电

PoE 交换机供电是指由 PoE 交换机负责 AP 的数据传输和供电。PoE 交换机是一种内置了 PoE 供电模块的以太网交换机，其供电距离一般在 100m 以内。PoE 交换机如图 12-1 所示。

图 12-1  PoE 交换机

### 2. 本地供电

本地供电是指通过与 AP 适配的电源适配器为 AP 独立供电。这种供电方式不方便取电，需要充分考虑强电系统的布线和供电。放装型 AP720-L 及其电源适配器如图 12-2 所示。

图 12-2　放装型 AP720-L 及其电源适配器

### 3．PoE 模块供电

PoE 模块供电是指由 PoE 适配器负责 AP 的数据传输和供电。这种供电方式不需要取电，其稳定性不如 PoE 交换机供电，适用于部署少量 AP 的情况。PoE 适配器如图 12-3 所示。

图 12-3　PoE 适配器

综上所述，在本项目的酒店无线网络部署中，最适合使用 PoE 交换机供电方式。

## 项目规划设计

### 项目拓扑

酒店已有有线网络，本项目要将原交换机更换为 PoE 交换机（L2SW），AP 连接到交换机，再通过交换机连接到 AC，其网络拓扑如图 12-4 所示。

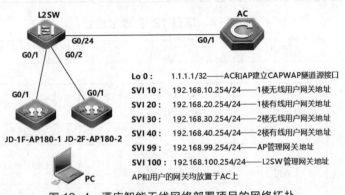

图 12-4　酒店智能无线网络部署项目的网络拓扑

## 项目规划

根据图 12-4 所示的网络拓扑进行项目的业务规划，项目 12 的 VLAN 规划、设备管理规划、端口互联规划、IP 地址规划、WLAN 规划、AP-Group 规划、AP 规划见表 12-1～表 12-7。

表 12-1　项目 12 VLAN 规划

| VLAN | VLAN 命名 | 网段 | 用途 |
| --- | --- | --- | --- |
| VLAN 10 | User-Wifi-1F | 192.168.10.0/24 | 1 楼无线用户网段 |
| VLAN 20 | User-Wire-1F | 192.168.20.0/24 | 1 楼有线用户网段 |
| VLAN 30 | User-Wifi-2F | 192.168.30.0/24 | 2 楼无线用户网段 |
| VLAN 40 | User-Wire-2F | 192.168.40.0/24 | 2 楼有线用户网段 |
| VLAN 99 | AP-Guanli | 192.168.99.0/24 | AP 管理网段 |
| VLAN 100 | SW-Guanli | 192.168.100.0/24 | L2SW 管理网段 |

表 12-2　项目 12 设备管理规划

| 设备类型 | 型号 | 设备命名 | 用户名 | 密码 | 特权密码 |
| --- | --- | --- | --- | --- | --- |
| 无线接入点 | RG-AP180-L | JD-1F-AP180-1 | N/A | N/A | N/A |
| | | JD-2F-AP180-2 | N/A | N/A | N/A |
| 无线控制器 | RG-WS6008 | AC | admin | Jan16 | Jan16 |
| 交换机 | RG-S5750 | L2SW | admin | Jan16 | Jan16 |

表 12-3　项目 12 端口互联规划

| 本端设备 | 本端端口 | 端口配置 | 对端设备 | 对端端口 |
| --- | --- | --- | --- | --- |
| JD-1F-AP180-1 | G0/1 | N/A | L2SW | G0/1 |
| JD-2F-AP180-2 | G0/1 | N/A | L2SW | G0/2 |
| L2SW | G0/1 | trunk native 99 | JD-1F-AP180-1 | G0/1 |
| L2SW | G0/2 | trunk native 99 | JD-2F-AP180-2 | G0/1 |
| L2SW | G0/24 | trunk | AC | G0/1 |
| AC | G0/1 | trunk | L2SW | G0/24 |

表 12-4　项目 12 IP 地址规划

| 设备 | 接口 | IP 地址 | 用途 |
| --- | --- | --- | --- |
| AC | Loopback 0 | 1.1.1.1/32 | CAPWAP |
| | VLAN 10 | 192.168.10.1/24～192.168.10.253/24 | 通过 DHCP 分配给 1 楼无线用户 |
| | | 192.168.10.254/24 | 1 楼无线用户网关 |
| | VLAN 20 | 192.168.20.1/24～192.168.20.253/24 | 通过 DHCP 分配给 1 楼有线用户 |
| | | 192.168.20.254/24 | 1 楼有线用户网关 |

续表

| 设备 | 接口 | IP 地址 | 用途 |
|---|---|---|---|
| AC | VLAN 30 | 192.168.30.1/24～192.168.30.253/24 | 通过 DHCP 分配给 2 楼无线用户 |
| | | 192.168.30.254/24 | 2 楼无线用户网关 |
| | VLAN 40 | 192.168.40.1/24～192.168.40.253/24 | 通过 DHCP 分配给 2 楼有线用户 |
| | | 192.168.40.254/24 | 2 楼有线用户网关 |
| | VLAN 99 | 192.168.99.1/24～192.168.99.253/24 | 通过 DHCP 分配给 AP |
| | | 192.168.99.254/24 | AP 管理网关 |
| | VLAN 100 | 192.168.100.254/24 | SW 管理网关 |
| L2SW | VLAN 100 | 192.168.100.1/24 | SW 管理 |
| JD-1F-AP180-1 | VLAN 99 | DHCP | AP 管理 |
| JD-2F-AP180-2 | VLAN 99 | DHCP | AP 管理 |

表 12-5　项目 12 WLAN 规划

| WLAN ID | SSID | 加密方式 | 是否广播 | 用途 |
|---|---|---|---|---|
| 1 | Jan16 | 无 | 是 | 无线用户连接 SSID 以加入网络 |

表 12-6　项目 12 AP-Group 规划

| AP-Group | WLAN ID | VLAN ID | 用途 |
|---|---|---|---|
| JiuDian1F | 1 | 10 | 1 楼连接 WLAN 1 的用户从 VLAN 10 获取 IP 地址 |
| JiuDian2F | 1 | 30 | 2 楼连接 WLAN 1 的用户从 VLAN 30 获取 IP 地址 |

表 12-7　项目 12 AP 规划

| AP 名称 | MAC 地址 | AP-Group | AP-radio | 频率与信道 | 功率 |
|---|---|---|---|---|---|
| JD-1F-AP180-1 | 5869.6C2A.D756 | JiuDian1F | 1 | 2.4GHz, 1 | 100% |
| JD-2F-AP180-2 | 5869.6C2B.3836 | JiuDian2F | 1 | 2.4GHz, 6 | 100% |

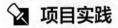

## 项目实践

### 任务 12-1　酒店交换机的配置

微课视频

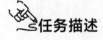

**任务描述**

本任务中，酒店交换机的配置包括以下内容。

（1）远程管理配置：配置远程登录和管理密码，以方便后期维护时远程登录。

（2）VLAN 和 IP 地址配置：创建 VLAN，配置 VLAN 的 IP 地址。VLAN 100 的 IP 地址作为 L2SW 远程管理 IP 地址。

（3）端口配置：配置连接 AP 的端口为 Trunk 模式，修改默认 VLAN 为 AP VLAN，AP 接入端口时属于该 VLAN；配置连接 AC 的端口为 Trunk 模式，实现 VLAN 跨交换机互通。

（4）默认路由配置：配置默认路由，下一跳指向设备管理网关。

## 任务操作

### 1. 远程管理配置

配置远程登录和管理密码。

```
Ruijie(config)#hostname L2SW                    //配置设备名称
L2SW(config)#username admin password Jan16      //创建用户名和密码
L2SW(config)#enable password Jan16              //设置特权模式密码
L2SW(config)#line vty 0 4                        //进入虚拟终端线路 0～4
L2SW(config-line)#login local                    //采用本地用户认证
L2SW(config-line)#exit                           //退出
```

### 2. VLAN 和 IP 地址配置

创建 VLAN，配置 VLAN 的 IP 地址。

```
L2SW(config)#vlan 10                    //创建 VLAN 10
L2SW(config-vlan)#name User-Wifi-1F     //VLAN 命名为 User-Wifi-1F
L2SW(config-vlan)#exit                   //退出
L2SW(config)# vlan 20                    //创建 VLAN 20
L2SW(config-vlan)#name User-Wire-1F     //VLAN 命名为 User-Wire-1F
L2SW(config-vlan)#exit                   //退出
L2SW(config)#vlan 30                    //创建 VLAN 30
L2SW(config-vlan)#name User-Wifi-2F     //VLAN 命名为 User-Wifi-2F
L2SW(config-vlan)#exit                   //退出
L2SW(config)# vlan 40                    //创建 VLAN 40
L2SW(config-vlan)#name User-Wire-2F     //VLAN 命名为 User-Wire-2F
L2SW(config-vlan)#exit                   //退出
L2SW (config)# vlan 99                   //创建 VLAN 99
L2SW (config-vlan)#name AP-Guanli        //VLAN 命名为 AP-Guanli
L2SW (config-vlan)#exit                   //退出
```

```
L2SW(config)# vlan 100                                 //创建 VLAN 100
L2SW(config-vlan)#name SW-Guanli                       //VLAN 命名为 SW-Guanli
L2SW(config-vlan)#exit                                 //退出
L2SW(config)#interface vlan 100                        //进入 VLAN 100
L2SW(config-if)#description SW-Guanli                   //配置接口描述
L2SW(config-if)#ip address 192.168.100.1 255.255.255.0    //配置 IP 地址
L2SW(config-if)#exit                                   //退出
```

### 3. 端口配置

配置连接 AP 的端口为 Trunk 模式，修改默认 VLAN 为 AP VLAN；配置连接 AC 的端口为 Trunk 模式。

```
L2SW(config)#interface range GigabitEthernet 0/1-2    //进入 G/01 和 G0/2 端口
L2SW(config-if)#description Link--AP--                 //配置端口描述
L2SW(config-if)#switch mode trunk                      //配置端口链路模式为 Trunk
L2SW(config-if)#switch trunk native vlan 99            //配置端口默认 VLAN
L2SW(config-if)#exit                                   //退出
L2SW(config)#interface GigabitEthernet 0/24            //进入 G0/24 端口
L2SW(config-if)#description Link--AC--                 //配置端口描述
L2SW(config-if)#switchport mode trunk                  //配置端口链路模式为 Trunk
L2SW(config-if)#exit                                   //退出
```

### 4. 默认路由配置

配置默认路由。

```
L2SW(config)#ip route 0.0.0.0 0.0.0.0 192.168.100.254 //配置管理默认网关
```

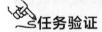任务验证

在 L2SW 上使用"show vlan brief"命令查看 VLAN 信息，如下所示。

```
L2SW#show vlan brief

VLAN   Name          Status   Ports
-----  ----------    ------   -------------
20     User-Wire-1F    active
40     User-Wire-2F    active
99     AP-Guanli     active
100    SW-Guanli     active
```

可以看到配置的 VLAN 已经处于"active"状态。

## 任务 12-2　酒店 AC 的基础配置

微课视频

### 任务描述

本任务中，酒店 AC 的配置包括以下内容。

（1）远程管理配置：配置远程登录和管理密码，以方便后期维护时远程登录。

（2）VLAN 和 IP 地址配置：创建 VLAN，配置设备的 IP 地址，即各用户的网关地址；创建 Loopback 0 接口，配置其 IP 地址，作为 AC 的 CAPWAP 隧道地址。

（3）端口配置：配置连接交换机的端口为 Trunk 模式，实现 VLAN 跨交换机互通。

（4）DHCP 服务配置：开启 DHCP 服务功能，创建 AP 和用户的 DHCP 地址池。AP 和用户接入网络后可以自动获取 IP 地址。

### 任务操作

#### 1. 远程管理配置

配置远程登录和管理密码。

```
Ruijie (config)#hostname AC                         //配置设备名称
AC(config)#username admin password Jan16            //创建用户名和密码
AC(config)#enable password Jan16                    //设置特权模式密码
AC(config)#line vty 0 4                              //进入虚拟终端线路0～4
AC(config-line)#login local                         //采用本地用户认证
AC(config-line)#exit                                //退出
```

#### 2. VLAN 和 IP 地址配置

创建 VLAN，配置设备的 IP 地址，创建 Loopback 0 接口，配置其 IP 地址。

```
AC(config)# vlan 10                                 //创建 VLAN 10
AC(config-vlan)#name User-Wifi-1F                   //VLAN 命名为 User-Wifi-1F
AC(config-vlan)#exit                                //退出
AC(config)# vlan 20                                 //创建 VLAN 20
AC(config-vlan)#name User-Wire-1F                   //VLAN 命名为 User-Wire-1F
AC(config-vlan)#exit                                //退出
AC(config)# vlan 30                                 //创建 VLAN 30
AC(config-vlan)#name User-Wifi-2F                   //VLAN 命名为 User-Wifi-2F
AC(config-vlan)#exit                                //退出
```

```
AC(config)# vlan 40                                  //创建 VLAN 40
AC(config-vlan)#name User-Wire-2F                    //VLAN 命名为 User-Wire-2F
AC(config-vlan)#exit                                 //退出
AC(config)# vlan 99                                  //创建 VLAN 99
AC(config-vlan)#name AP-Guanli                       //VLAN 命名为 AP-Guanli
AC(config-vlan)#exit                                 //退出
AC(config)# vlan 100                                 //创建 VLAN 100
AC(config-vlan)#name SW-Guanli                       //VLAN 命名为 SW-Guanli
AC(config-vlan)#exit                                 //退出
AC(config)#interface vlan 10                         //进入 VLAN 10
AC(config-if)# description User-Wifi-1F              //配置接口描述
AC(config-if)# ip address 192.168.10.254 255.255.255.0   //配置 IP 地址
AC(config-if)#exit                                   //退出
AC(config)#interface vlan 20                         //进入 VLAN 20
AC(config-if)# description User-Wire-1F              //配置接口描述
AC(config-if)# ip address 192.168.20.254 255.255.255.0   //配置 IP 地址
AC(config-if)#exit                                   //退出
AC(config)#interface vlan 30                         //进入 VLAN 30
AC(config-if)# description User-Wifi-2F              //配置接口描述
AC(config-if)# ip address 192.168.30.254 255.255.255.0   //配置 IP 地址
AC(config-if)#exit                                   //退出
AC(config)#interface vlan 40                         //进入 VLAN 40
AC(config-if)# description User-Wire-2F              //配置接口描述
AC(config-if)# ip address 192.168.40.254 255.255.255.0   //配置 IP 地址
AC(config-if)#exit                                   //退出
AC(config)# interface vlan 99                        //进入 VLAN 99
AC(config-if)#description  AP-Guanli                 //配置接口描述
AC(config-if)#ip address 192.168.99.254 255.255.255.0    //配置 IP 地址
AC(config-if)#exit                                   //退出
AC(config)# interface vlan 100                       //进入 VLAN 100
AC(config-if)#description SW-Guanli                  //配置接口描述
AC(config-if)#ip address 192.168.100.254 255.255.255.0   //配置 IP 地址
AC(config-if)#exit                                   //退出
AC(config)#interface loopback 0                      //进入 Loopback 0 接口
```

```
AC(config-if)#ip address 1.1.1.1 255.255.255.255          //配置 IP 地址

AC(config-if)#exit  //退出
```

### 3．端口配置

配置连接交换机的端口为 Trunk 模式。

```
AC(config)#interface GigabitEthernet 0/1          //进入 G0/1 端口

AC(config-if)#switchport mode trunk               //配置端口链路模式为 Trunk

AC(config-if)#description Link--L2SW--             //配置端口描述

AC(config-if)#exit                                //退出
```

### 4．DHCP 配置

开启 DHCP 服务功能，创建 AP 和用户的 DHCP 地址池。

```
AC(config)#service dhcp                            //开启 DHCP 服务

AC(config)#ip dhcp pool AP-Guanli                 //创建 AP 管理的地址池

AC(dhcp-config)#option 138 ip 1.1.1.1  //配置分配的 138 选项字段指向 AC 的 Lo 0
（CAPWAP 隧道）

AC(dhcp-config)#network 192.168.99.0 255.255.255.0 //配置分配的 IP 地址段

AC(dhcp-config)#default-router 192.168.99.254 //配置分配的网关地址

AC(dhcp-config)#exit                              //退出

AC(config)# ip dhcp pool User-Wifi-1F            //创建 User-Wifi-1F 的地址池

AC(dhcp-config)# network 192.168.10.0 255.255.255.0 //配置分配的 IP 地址段

AC(dhcp-config)#default-router 192.168.10.254 //配置分配的网关地址

AC(dhcp-config))#exit                             //退出

AC(config)# ip dhcp pool User-Wire-1F            //创建 User-Wire-1F 的地址池

AC(dhcp-config)# network 192.168.20.0 255.255.255.0 //配置分配的 IP 地址段

AC(dhcp-config)#default-router 192.168.20.254 //配置分配的网关地址

AC(dhcp-config)#exit                              //退出

AC(config)# ip dhcp pool User-Wifi-2F            //创建 User-Wifi-2F 的地址池

AC(dhcp-config)# network 192.168.30.0 255.255.255.0 //配置分配的 IP 地址段

AC(dhcp-config)#default-router 192.168.30.254 //配置分配的网关地址

AC(dhcp-config))#exit                             //退出

AC(config)# ip dhcp pool User-Wire-2F            //创建 User-Wire-2F 的地址池

AC(dhcp-config)# network 192.168.40.0 255.255.255.0 //配置分配的 IP 地址段

AC(dhcp-config)#default-router 192.168.40.254 //配置分配的网关地址

AC(dhcp-config)#exit                              //退出
```

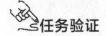**任务验证**

（1）在 AC 上使用"show ip interface brief"命令查看 IP 地址信息，如下所示。

```
AC(config)#show ip interface brief

Interface      IP-Address(Pri)      IP-Address(Sec)      Status      Protocol
Loopback 0     1.1.1.1/32           no address           up          up
VLAN 1         no address           no address           up          down
VLAN 10        192.168.10.254/24    no address           up          up
VLAN 20        192.168.20.254/24    no address           up          up
VLAN 30        192.168.30.254/24    no address           up          up
VLAN 40        192.168.40.254/24    no address           up          up
VLAN 99        192.168.99.254/24    no address           up          up
VLAN 100       192.168.100.254/24   no address           up          up
```

可以看到 6 个 VLAN 和 1 个 Loopback 0 接口都已配置了 IP 地址。

（2）在 AC 上使用"show ip dhcp binding"命令查看 DHCP 地址分配信息，如下所示。

```
AC(config)#show ip dhcp binding

Total number of clients  : 2
Expired clients          : 0
Running clients          : 2


IP address           Hardware address      Lease expiration            Type
192.168.99.2         5869.6c2b.3836        000 days 23 hours 59 mins    Automatic
192.168.99.1         5869.6c2a.d756        000 days 23 hours 59 mins    Automatic
```

可以看到，2 个 AP 均通过 DHCP 获取到了 IP 地址。

## 任务 12-3　酒店 AC 的 WLAN 配置

微课视频

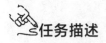**任务描述**

本任务中，酒店 AC 的 WLAN 配置包括以下内容。

（1）SSID 配置：通过 wlan-config 创建 SSID，创建名为 Jan16 的 Wi-Fi，供酒店用户使用。

（2）AP-Group 配置：创建 AP-Group，并在 AP-Group 中关联 WLAN 和 VLAN，加入 WLAN 的用户属于所关联的 VLAN。

（3）AP 配置：修改 AP 的名称，并将 AP 加入 AP-Group，AP 释放出 AP-Group 所关联 WLAN 的 SSID，指定 AP 下联有线用户对应 VLAN，用户接入 AP 有线接口时属于该 VLAN。

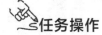任务操作

### 1. SSID 配置

通过 wlan-config 创建 SSID。

```
AC(config)# wlan-config 1 Jan16              //创建 WLAN 1 的 SSID 为 Jan16
AC(config-wlan)#exit                         //退出
```

### 2. AP-Group 配置

创建 AP-Group，并在 AP-Group 中关联 WLAN 和 VLAN。

```
AC(config)#ap-group JiuDian1F                //创建名为 JiuDian1F 的 AP-Group
AC(config-ap-group)#interface-mapping 1 10   //配置 WLAN 1 关联 1 楼无线 VLAN
AC(config-ap-group)#exit                      //退出
AC(config)#ap-group JiuDian2F                //创建名为 JiuDian2F 的 AP-Group
AC(config-ap-group)#interface-mapping 1 30   //配置 WLAN 1 关联 2 楼无线 VLAN
AC(config-ap-group)#exit                      //退出
```

### 3. AP 配置

修改 AP 的名称，并将 AP 加入 AP-Group 中，指定 AP 下联有线用户对应 VLAN。

```
AC(config)# ap-config 5869.6C2A.D756         //进入 AP1 的配置模式
AC(config-ap-config)# ap-group JiuDian1F     //将 AP1 加入 AP-Group JiuDian1F
AC(config-ap-config)#ap-name JD-1F-AP180-1   //修改 AP 名称
AC(config-ap-config)#wired-vlan 20           //指定 AP1 下联有线用户对应 VLAN
AC(config-ap-config)# channel 1 radio 1      //修改 AP 信道
AC(config-ap-config)#location 101room        //对 AP1 位置信息进行描述
AC(config-ap-config)#exit                     //退出
AC(config)# ap-config 5869.6C2B.3836         //进入 AP2 的配置模式
AC(config-ap-config)# ap-group JiuDian2F     //将 AP2 加入 AP-Group JiuDian2F
AC(config-ap-config)#ap-name JD-2F-AP180-2   //修改 AP 名称
AC(config-ap-config)# wired-vlan 40          //指定 AP2 下联有线用户对应 VLAN
AC(config-ap-config)# channel 6 radio 1      //修改 AP 信道
AC(config-ap-config)#location 201room        //对 AP2 位置信息进行描述
```

```
AC(config-ap-config)#exit                          //退出
```

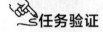
**任务验证**

（1）在 AC 上使用 "show ap-config summary" 命令查看 AP 信息，如下所示。

```
AC(config)#show ap-config summary

（省略部分内容……）

AP Name      IP Address     Mac Address Radio     Radio       Up/Off time State
---------    -------------  ----------------      ----------  ----------- ---------- ----
5869.6c2a.d756 192.168.99.1  5869.6c2a.d756 1 E 0 100 1*   2 E 0 100 149* 00:01:05  Run
5869.6c2b.3836 192.168.99.2  5869.6c2b.3836 1 E 0 100 1*   2 E 0 100 153* 00:01:08  Run
```

可以看到 2 台 AP 的状态为 "Run"，表示 AP 已经正常工作。

（2）在 AC 上使用 "show ap-config running" 命令查看 AP 配置信息，如下所示。

```
AC(config)#show ap-config running


Building configuration...
Current configuration: 334 bytes


!
ap-config JD-1F-AP180-1
 ap-mac 5869.6c2a.d756
 ap-group JiuDian1F
 wired-vlan 20
 location 101room
 channel 1 radio 1
!
ap-config JD-2F-AP180-2
 ap-mac 5869.6c2b.3836
 ap-group JiuDian2F
 wired-vlan 40
 location 201room
 channel 6 radio 1
!!!!!
end
```

可以看到所有的配置均已生效。

微课视频

## 项目验证

（1）在 1 楼用 PC 搜索无线信号"Jan16"，单击"连接"按钮，可以正常接入，如图 12-5 所示。

图 12-5　PC 连接无线信号"Jan16"

（2）在 PC 上按【Windows+X】组合键，在弹出的菜单中选择"Windows PowerShell"命令，打开"Windows PowerShell"窗口，使用"ipconfig"命令查看 IP 地址信息，如图 12-6 所示。可以看到 PC 获取了 192.168.10.0/24 网段的 IP 地址。

（3）PC 连接到 AP 的有线接口，按上一步所述方法再次使用"ipconfig"命令查看 IP 地址信息，如图 12-7 所示。可以看到 PC 获取了 192.168.20.0/24 网段的 IP 地址。

图 12-6　使用"ipconfig"命令查看
IP 地址信息

图 12-7　再次使用"ipconfig"命令查看
IP 地址信息

# 📝 项目拓展

（1）墙面型无线 AP 底下的 4 个接口默认属于（　　）。

    A. VLAN 1　　　　　　　　　　B. VLAN 2

    C. 与无线用户相同的 VLAN　　　D. 无配置

（2）关于 AP180-W 射频卡描述正确的是（　　）。

    A. 有一块射频卡，支持 2.4GHz 频段和 5GHz 频段，默认为 2.4GHz 频段

    B. 有两块射频卡，分别支持 2.4GHz 频段和 5GHz 频段

    C. 有一块射频卡，只支持 2.4GHz 频段

    D. 有一块射频卡，只支持 5GHz 频段

（3）wired-vlan 20 在（　　）模式下进行配置。

    A. (config)#　　　　　　　　　B. (config-if)#

    C. (config-ap-group)#　　　　　D. (config-ap-config)#

（4）AP180-W 最多支持（　　）个 WLAN ID。

    A. 4　　　　　B. 8　　　　　C. 16　　　　　D. 32

（5）AP 的供电方式有（　　）。（多选）

    A. PoE 交换机供电　　　　　　B. 电源适配器供电

    C. PoE 模块供电　　　　　　　D. 直流电源供电

# 项目13
## 智能无线网络的安全认证服务部署

13

## 📋 项目描述

扫展知识

  Jan16 公司无线网络使用 WPA2 加密方式部署。在网络运营一段时间后，公司发现无线用户数持续增加，但是员工数并未增长。网络管理员通过分析接入用户，发现增长的用户基本都属于公司外部人员，这些用户的接入不仅造成员工接入带宽下降，而且带来了安全隐患。

  为解决这个问题，该公司要求对当前无线网络进行接入认证的升级改造，把原有的密码认证升级为实名认证，即每位员工都有唯一的账号和密码，并且账号与员工具有一一对应的关系。这样可以避免员工将自己的账号和密码泄露出去，同时又可以提高网络安全性，也符合公安部关于网民实名认证的要求。

  为确保该项目实施的可靠性，前期在公司信息部内部做了测试，接下来第一期拟在公司研发部、销售部启用 Web 认证，做小范围测试。

  无线网络采用 WPA2 密码认证接入方式仅适用于小型企业，所有用户通过相同的密码接入，密码不具备用户辨识性。要消除员工通过分享、泄露等多种方式扩散公司无线网络密码的安全隐患，需实现无线认证与员工个人信息绑定，做到实名认证。目前，业界大多采用比较成熟的 Web 认证技术来解决这一问题。

  无线 AC 内置 Web 认证，相当于在网络中部署一台认证服务器，所有用户接入均通过它进行身份识别，通过验证则允许接入网络。因此，本项目可以通过在无线 AC 上启用本地认证实现用户无线上网的统一身份认证，消除该公司的无线网络接入安全困扰。具体涉及以下两个工作任务。

### 1. 基础网络配置

配置有线网络与无线网络，实现有线用户与无线用户的连通性。

### 2. 无线认证配置

在无线 AC 上添加认证设备和用户信息，配置本地认证，实现网络的安全接入认证。

## 项目相关知识

### 13.1　AAA 的基本概念

AAA 是认证（Authentication）、授权（Authorization）和记账（Accounting）的简称，它提供了认证、授权、记账 3 种安全功能。

（1）认证：验证用户的身份和可使用的网络服务。

（2）授权：依据认证结果开放网络服务给用户。

（3）记账：记录用户对各种网络服务的用量，并提供记账系统。

### 13.2　Web 认证

Web 认证是一种对用户访问网络的权限进行控制的身份认证方法，这种认证方法不需要用户安装专用的客户端认证软件，使用普通的浏览器就可以进行身份认证。

未认证用户使用浏览器上网时，接入设备会强制浏览器访问特定站点，也就是 Web 认证服务器，通常称为 Portal 服务器。用户无须认证即可享受 Portal 服务器的服务，例如下载安全补丁、阅读公告信息等。当用户需要访问 Portal 服务器以外的网络资源时，就必须通过浏览器在 Portal 服务器上进行身份认证，认证的用户信息保存在 AAA 服务器上；由 AAA 服务器来判断用户是否通过身份认证，只有认证通过后才可以使用 Portal 服务器以外的网络资源。

除了认证的便利性之外，由于 Portal 服务器与用户的浏览器有界面交互，可以利用这个特性在 Portal 服务器界面提供广告、通知、业务链接等个性化的服务，因此 Web 认证具有很好的应用前景。

### 13.3　本地认证

Web 认证采用本地认证。AC 内置了 Web 认证所需的 Portal、AAA 等功能，可以将 AC 作为 AAA 服务器，AC 设备此时被称为本地 AAA 服务器。本地 AAA 服务器支持对用户进行认证和授权，不支持对用户进行记账。

本地 AAA 服务器需要配置本地用户的用户名、密码、授权信息等。使用本地 AAA 服务器进行认证和授权比使用远端 AAA 服务器的速度快，可以降低运营成本，但是存储信息量受设备硬件条件限制。

## 项目规划设计

### 项目拓扑

公司的 AP 连接接入交换机（L2SW），核心交换机（L3SW）作为公司网络的中心节点，AC 和接入交换机都连接核心交换机，其网络拓扑如图 13-1 所示。

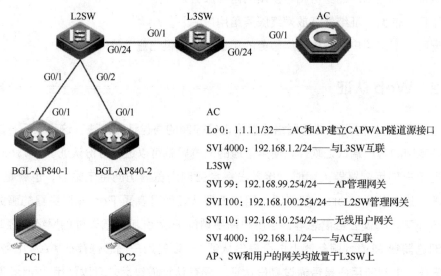

图 13-1　智能无线网络的安全认证服务部署项目的网络拓扑

### 项目规划

根据图 13-1 所示的网络拓扑和项目描述进行项目的业务规划，项目 13 的 VLAN 规划、设备管理规划、端口互联规划、IP 地址规划、WLAN 规划、AP-Group 规划、AP 规划见表 13-1～表 13-7。

表 13-1　项目 13 VLAN 规划

| VLAN | VLAN 命名 | 网段 | 用途 |
|---|---|---|---|
| VLAN 10 | User-Wifi | 192.168.10.0/24 | 无线用户网段 |
| VLAN 99 | AP-Guanli | 192.168.99.0/24 | AP 管理网段 |
| VLAN 100 | SW-Guanli | 192.168.100.0/24 | L2SW 管理网段 |
| VLAN 4000 | Link--AC-vlan4000-- | 192.168.1.0/24 | L3SW 与 AC 互联网段 |

表 13-2　项目 13 设备管理规划

| 设备类型 | 型号 | 设备命名 | 用户名 | 密码 | 特权密码 |
|---|---|---|---|---|---|
| 无线接入点 | RG-AP840-I(V2) | BGL-AP840-1 | N/A | N/A | N/A |
| | | BGL-AP840-2 | N/A | N/A | N/A |
| 无线控制器 | WS6008 | AC | admin | Jan16 | Jan16 |
| 接入交换机 | S2910 | L2SW | admin | Jan16 | Jan16 |
| 核心交换机 | S5750 | L3SW | admin | Jan16 | Jan16 |

表 13-3　项目 13 端口互联规划

| 本端设备 | 本端端口 | 端口配置 | 对端设备 | 对端端口 |
|---|---|---|---|---|
| BGL-AP840-1 | G0/1 | N/A | L2SW | G0/1 |
| BGL-AP840-2 | G0/1 | N/A | L2SW | G0/2 |
| L2SW | G0/1 | access | BGL-AP840-1 | G0/1 |
| L2SW | G0/2 | access | BGL-AP840-2 | G0/1 |
| L2SW | G0/24 | trunk | L3SW | G0/1 |
| L3SW | G0/1 | trunk | L2SW | G0/24 |
| L3SW | G0/24 | trunk | AC | G0/1 |
| AC | G0/1 | trunk | L3SW | G0/24 |

表 13-4　项目 13 IP 地址规划

| 设备 | 接口 | IP 地址 | 用途 |
|---|---|---|---|
| AC | VLAN 4000 | 192.168.1.2/24 | 与 L3SW 互联 |
| | Loopback 0 | 1.1.1.1/32 | CAPWAP |
| L3SW | VLAN 10 | 192.168.10.254/24 | 无线用户网关 |
| | | 192.168.10.1～192.168.10.253 | 通过 DHCP 分配给无线用户 |
| | VLAN 99 | 192.168.99.254/24 | AP 管理网关 |
| | | 192.168.99.1～192.168.99.253 | 通过 DHCP 分配给 AP |
| | VLAN 100 | 192.168.100.254/24 | L2SW 管理网关 |
| | VLAN 4000 | 192.168.1.1/24 | 与 AC 互联 |
| L2SW | VLAN 100 | 192.168.100.1/24 | L2SW 管理 |
| BGL-AP840-1 | VLAN 99 | DHCP | AP 管理 |
| BGL-AP840-2 | VLAN 99 | DHCP | AP 管理 |

表 13-5　项目 13 WLAN 规划

| WLAN ID | SSID | 加密方式 | 是否广播 | AP 名称 |
|---|---|---|---|---|
| 1 | Jan16 | Web 认证 | 是 | BGL-AP840-1 |
|  |  |  |  | BGL-AP840-2 |

表 13-6　项目 13 AP-Group 规划

| AP-Group | WLAN ID | VLAN ID | 用途 |
|---|---|---|---|
| BGL | 1 | 10 | 连接 WLAN 1 的用户从 VLAN10 获取 IP 地址 |

表 13-7　AP 规划

| AP 名称 | MAC 地址 | AP-Group | 频率与信道 | 功率 |
|---|---|---|---|---|
| BGL-AP840-1 | 5869.6c2f.dc96 | BGL | 2.4GHz，自动调优（默认） | 100%（默认） |
| BGL-AP840-2 | 5869.6c2f.dc7e | BGL | 2.4GHz，自动调优（默认） | 100%（默认） |

## 项目实践

### 任务 13-1　公司接入交换机的配置

微课视频

#### 任务描述

本任务中，公司接入交换机的配置包括以下内容。

（1）远程管理配置：配置远程登录和管理密码，以方便后期维护时远程登录。

（2）VLAN 和 IP 地址配置：创建 VLAN，配置 VLAN 的 IP 地址。VLAN 100 的 IP 地址作为 L2SW 远程管理 IP 地址。

（3）端口配置：配置连接 AP 的端口 Access 模式，修改默认 VLAN 为 AP VLAN，AP 接入端口时属于该 VLAN；配置连接 L3SW 的端口为 Trunk 模式，实现 VLAN 跨交换机互通。

（4）默认路由配置：配置默认路由，下一跳指向设备管理网关。

#### 任务操作

**1. 远程管理配置**

配置远程登录和管理密码。

```
Ruijie(config)#hostname L2SW                    //配置设备名称
L2SW(config)#username admin password Jan16      //创建用户名和密码
L2SW(config)#enable password Jan16              //设置特权模式密码
```

```
L2SW(config)#line vty 0 4                              //进入虚拟终端线路 0~4
L2SW(config-line)#login local                          //采用本地用户认证
L2SW(config-line)#exit                                 //退出
```

## 2. VLAN 和 IP 地址配置

创建 VLAN，配置 VLAN 的 IP 地址。

```
L2SW (config)# VLAN 10                                 //创建 VLAN 10
L2SW (config-vlan)#name User-Wifi                      //VLAN 命名为 User-Wifi
L2SW (config-vlan)#exit                                //退出
L2SW (config)# VLAN 99                                 //创建 VLAN 99
L2SW (config-vlan)#name AP-Guanli                      //VLAN 命名为 AP-Guanli
L2SW (config-vlan)#exit                                //退出
L2SW(config)# VLAN 100                                 //创建 VLAN 100
L2SW(config-vlan)#name SW-Guanli                       //VLAN 命名为 SW-Guanli
L2SW(config-vlan)#exit                                 //退出
L2SW(config)#interface vlan 100                        //进入 VLAN 100
L2SW(config-if)#ip address 192.168.100.1 255.255.255.0    //配置 IP 地址
L2SW(config-if)#description LINK--SW-GuanLi--  //对 VLAN 100 接口进行描述
L2SW(config-if)#exit                                   //退出
```

## 3. 端口配置

配置连接 AP 的端口为 Access 模式，修改默认 VLAN 为 AP VLAN；配置连接 L3SW 的端口为 Trunk 模式。

```
L2SW(config)#interface range GigabitEthernet 0/1-2 //进入 G0/1 和 G0/2 端口
L2SW(config-if)#description Link--AP--                 //对端口进行描述
L2SW(config-if)#switch mode access                     //配置端口链路模式为 Access
L2SW(config-if)#switch access vlan 99                  //配置端口默认 VLAN
L2SW(config-if)#exit                                   //退出
L2SW(config)#interface GigabitEthernet 0/24            //进入 G0/24 端口
L2SW(config-if)#description Link--AC--                 //对端口进行描述
L2SW(config-if)#switchport mode trunk                  //配置端口链路模式为 Trunk
L2SW(config-if)#exit                                   //退出
```

## 4. 默认路由配置

配置默认路由。

```
L2SW(config)#ip route 0.0.0.0 0.0.0.0 192.168.100.254 //配置默认路由
```

### 任务验证

在 L2SW 上使用 "show interface switchport" 命令查看端口信息，如下所示。

```
L2SW#show interface switchport
Interface           Switchport    Mode    Access Native Protected VLAN lists
------------------  -----------   ------  ------ ------ ------ ------------
GigabitEthernet 0/1   enabled     ACCESS   99     1    Disabled  ALL
GigabitEthernet 0/2   enabled     ACCESS   99     1    Disabled  ALL
（省略部分内容……）
GigabitEthernet 0/24  enabled·    TRUNK    1      1    Disabled  ALL
```

可以看到 G0/1、G0/2 的链路模式为 "ACCESS"，并且默认 VLAN 为 VLAN 99；
G0/24 的链路模式为 "TRUNK"。

## 任务 13-2  公司核心交换机的配置

微课视频

### 任务描述

本任务中，公司核心交换机的配置包括以下内容。

（1）远程管理配置：配置远程登录和管理密码，以方便后期维护时远程登录。

（2）VLAN 和 IP 地址配置：创建 VLAN，配置各 VLAN 的 IP 地址，VLAN 10 的 IP
地址作为用户网关地址，VLAN 99 的 IP 地址作为 AP 管理网关地址，VLAN 100 的 IP 地
址作为 L2SW 管理网关地址，VLAN 4000 的 IP 地址作为与 AC 互联 IP 地址。

（3）端口配置：配置连接接入交换机和 AC 的端口为 Trunk 模式，实现 VLAN 跨交换
机互通。

（4）DHCP 服务配置：开启 DHCP 服务功能，创建 AP 和用户的 DHCP 地址池，AP
和用户接入网络后可以自动获取 IP 地址。

（5）路由配置：配置静态路由。1.1.1.1/32 的路由下一跳指向 AC，使 AP 与 AC 互通。

### 任务操作

#### 1. 远程管理配置

配置远程登录和管理密码。

```
Ruijie(config)#hostname L3SW                    //配置设备名称
L3SW(config)#username admin password Jan16      //创建用户名和密码
L3SW(config)#enable password Jan16              //设置特权模式密码
```

```
L3SW(config)#line vty 0 4                        //进入虚拟终端线路 0～4
L3SW(config-line)#login local                    //采用本地用户认证
L3SW(config-line)#exit                           //退出
```

## 2. VLAN 和 IP 地址配置

创建 VLAN，配置各 VLAN 的 IP 地址。

```
L3SW (config)# VLAN 10                           //创建 VLAN 10
L3SW(config-vlan)#name User-Wifi                 //VLAN 命名为 User-Wifi
L3SW(config-vlan)#exit                           //退出
L3SW(config)# VLAN 99                            //创建 VLAN 99
L3SW(config-vlan)#name AP-Guanli                 //VLAN 命名为 AP-Guanli
L3SW(config-vlan)#exit                           //退出
L3SW(config)# VLAN 100                           //创建 VLAN 100
L3SW(config-vlan)#name SW-Guanli                 //VLAN 命名为 SW-Guanli
L3SW(config-vlan)#exit                           //退出
L3SW(config)# VLAN 4000                          //创建 VLAN 4000
L3SW(config-vlan)#name Link--AC-vlan4000-- //VLAN 命名为 Link--AC-vlan 4000--
L3SW(config-vlan)#exit                           //退出
L3SW(config)#interface VLAN 10                   //进入 VLAN 10
L3SW(config-if-VLAN10)# description User-Wifi //对接口进行描述
L3SW(config-if-VLAN10)# ip address 192.168.10.254  255.255.255.0
                                                 //配置 IP 地址
L3SW(config-if-VLAN10)#exit                      //退出
L3SW(config)# interface VLAN 99                  //进入 VLAN 99
L3SW(config-if-VLAN99)#description  AP-Guanli //对接口进行描述
L3SW(config-if-VLAN99)#ip address 192.168.99.254 255.255.255.0
                                                 //配置 IP 地址
L3SW(config-if-VLAN99)#exit                      //退出
L3SW(config)# interface VLAN 100                 //进入 VLAN 100
L3SW(config-if-VLAN100)#description SW-Guanli //对接口进行描述
L3SW(config-if-VLAN100)#ip address 192.168.100.254  255.255.255.0
                                                 //配置 IP 地址
L3SW(config-if-VLAN100)#exit                     //退出
L3SW(config)# interface VLAN 4000               //进入 VLAN 4000
L3SW(config-if-VLAN4000)#description Link--AC-vlan4000-- //对接口进行描述
```

```
L3SW(config-if-VLAN4000)# ip address 192.168.1.1 255.255.255.0
                                        //配置 IP 地址
L3SW(config-if-VLAN4000)#exit           //退出
```

### 3. 端口配置

配置连接接入交换机和 AC 的端口为 Trunk 模式。

```
L3SW(config)#interface GigabitEthernet 0/1       //进入 G0/1 端口
L3SW(config-if)#description Link--L2SW--          //对端口进行描述
L3SW(config-if)# switchport mode trunk           //配置端口链路模式为 Trunk
L3SW(config-if)#exit                             //退出
L3SW(config)#interface GigabitEthernet 0/24      //进入 G0/24 端口
L3SW(config-if)#description Link--AC--            //对端口进行描述
L3SW(config-if)#switchport mode trunk            //配置端口链路模式为 Trunk
L3SW(config-if)#exit                             //退出
```

### 4. DHCP 配置

开启 DHCP 服务功能，创建 AP 和用户的 DHCP 地址池。

```
L3SW(config)#service dhcp                         //开启 DHCP 功能
L3SW(config)#ip dhcp pool AP-Guanli              //创建 AP 的 DHCP 地址池
L3SW(dhcp-config)#option 138 ip 1.1.1.1 //配置 AP option 138 字段指向 AC 的 Lo 0
L3SW(dhcp-config)#network 192.168.99.0 255.255.255.0 //配置分配的 IP 地址段
L3SW(dhcp-config)#default-router 192.168.99.254      //配置分配的网关地址
L3SW(dhcp-config)#exit                           //退出
L3SW(config)# ip dhcp pool User-Wifi            //创建无线用户的 DHCP 地址池
L3SW(dhcp-config)# network 192.168.10.0 255.255.255.0  //配置分配的 IP 地址段
L3SW(dhcp-config)#default-router 192.168.10.254      //配置分配的网关地址
L3SW((dhcp-config))#exit                         //退出
```

### 5. 路由配置

配置静态路由。

```
L3SW(config)#ip route 1.1.1.1 255.255.255.255 192.168.1.2 //配置到达 AC Loopback
0 接口的路由
```

### 任务验证

将 AP 上电后连接到接入交换机，在 L3SW 上使用"show ip dhcp binding"命令查看 IP 地址信息，如下所示。

```
L3SW#show ip dhcp binding


Total number of clients    : 2

Expired clients            : 0

Running clients            : 2


IP address          Hardware address        Lease expiration          Type

192.168.99.1        5869.6c2f.dc96          000 days 23 hours 58 mins   Automatic

192.168.99.2        5869.6c2f.dc7e          000 days 23 hours 57 mins   Automatic
```

可以看到 2 台 AP 获取了 IP 地址。

## 任务 13-3　公司 AC 的基础配置

微课视频

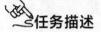 **任务描述**

本任务中，公司 AC 的基础配置包括以下内容。

（1）远程管理配置：配置远程登录和管理密码，以方便后期维护时远程登录。

（2）VLAN 和 IP 地址配置：创建 VLAN，配置设备的 IP 地址，AC 使用该 IP 地址与核心交换机互通；创建 Loopback 0 接口，配置 IP 地址，作为 AC 的 CAPWAP 隧道地址。

（3）端口配置：配置连接交换机的端口为 Trunk 模式，实现 VLAN 跨交换机互通。

（4）路由配置：配置默认路由，下一跳指向核心交换机 L3SW（192.168.1.1）。

**任务操作**

### 1. 远程管理配置

配置远程登录和管理密码。

```
Ruijie(config)#hostname AC                      //配置设备名称

AC(config)#username admin password Jan16        //创建用户名和密码

AC(config)#enable password Jan16                //设置特权模式密码

AC(config)#line vty 0 4                         //进入虚拟终端线路 0～4

AC(config-line)#login local                     //采用本地用户认证

AC(config-line)#exit                            //退出
```

### 2. VLAN 和 IP 地址配置

配置 VLAN，配置 VLAN 的 IP 地址。创建 Loopback 0 接口，配置 IP 地址。

```
AC(config)# VLAN 10                          //创建 VLAN 10

AC(config-vlan)#name User-Wifi               //VLAN 命名为 User-Wifi

AC(config-vlan)#exit                         //退出

AC(config)# VLAN 4000                        //创建 VLAN 4000

AC(config-vlan)#name Link--AC-vlan4000-- //VLAN 命名为 Link--AC-vlan 4000--

AC(config-vlan)#exit                         //退出

AC(config)#interface loopback 0              //进入 Loopback 0 接口

AC(config-if)#ip address 1.1.1.1 255.255.255.255   //配置 IP 地址

AC(config-if)#description CAPWAP             //对接口进行描述

AC(config-if)#exit                           //退出

AC(config)# interface VLAN 4000              //进入 VLAN 4000

AC(config-if-VLAN4000)#description Link--AC-vlan4000-- //对接口进行描述

AC(config-if-VLAN4000)# ip address 192.168.1.2 255.255.255.0 //配置 IP 地址

AC(config-if-VLAN4000)#exit//退出
```

### 3. 端口配置

配置连接交换机的端口为 Trunk 模式。

```
AC(config)#interface GigabitEthernet i0/1  //进入 G0/1 端口

AC(config-if)#switchport mode trunk          //配置端口链路模式为 Trunk

AC(config-if)#description Link—L3SW--        //对端口进行描述

AC(config-if)#exit                           //退出
```

### 4. 路由配置

配置默认路由。

```
AC(config)#ip route 0.0.0.0 0.0.0.0 192.168.1.1     //配置默认路由
```

### 任务验证

（1）在 AC 上使用"show interface switchport"命令查看接口 VLAN 信息，如下所示。

```
AC#show interface switchport

Interface           Switchport Mode  Access Native Protected VLAN lists

------------------- --------- ----- ---- ---- ------ --------------------

GigabitEthernet 0/1     enabled    TRUNK    1     1     Disabled  ALL
```

可以看到 G0/1 的链路模式为"TRUNK"。

（2）在 AC 上使用"show ip interface brief"命令查看 IP 地址信息，如下所示。

```
AC#show ip interface brief
Interface     IP-Address(Pri)     IP-Address(Sec)     Status      Protocol
Loopback 0    1.1.1.1/32          no address          up          up
VLAN 1        no address          no address          up          down
VLAN 4000     192.168.1.2/24      no address          up          up
```

可以看到 VLAN 4000 已经配置了 IP 地址。

## 任务 13-4　公司 AC 的 WLAN 配置

微课视频

### 任务描述

本任务中，公司 AC 的 WLAN 配置包括以下内容。

（1）SSID 配置：通过 wlan-config 创建 SSID，创建名为 Jan16 的 Wi-Fi，供用户使用。

（2）AP-Group 配置：创建 AP-Group，并在 AP-Group 中关联 WLAN 和 VLAN，加入 WLAN 的用户属于所关联的 VLAN。

（3）AP 配置：修改 AP 的名称，并将 AP 加入 AP-Group，AP 释放出 AP-Group 所关联 WLAN 的 SSID。

### 任务操作

#### 1. SSID 配置

通过 wlan-config 创建 SSID。

```
AC(config)# wlan-config 1 Jan16                //创建 WLAN 1 的 SSID 为 Jan16
AC(config-wlan)#exit                           //退出
```

#### 2. AP-Group 配置

创建 AP-Group，并在 AP-Group 中关联 WLAN 和 VLAN。

```
AC(config)#ap-group BGL                          //创建名为 BGL 的 AP-Group
AC(config-ap-group)#interface-mapping 1 10//配置 WLAN 1 关联无线用户 VLAN
AC(config-ap-group)#exit                         //退出
```

#### 3. AP 配置

修改 AP 的名称，并将 AP 加入 AP-Group。

```
AC(config)# ap-config 5869.6c2f.dc96    //配置 MAC 地址为 5869.6c2f.dc96 的 AP
AC(config-ap-config)#ap-name BGL-AP840-1    //修改 AP 名称
AC(config-ap-config)# ap-group BGL          //将 AP1 加入 AP-Group BGL
```

```
AC(config-ap-config)#exit                    //退出
AC(config)# ap-config 5869.6c2f.dc7e    //配置MAC地址为5869.6c2f.dc7e的AP
AC(config-ap-config)#ap-name BGL-AP840-2    //修改AP名称
AC(config-ap-config)# ap-group BGL        //将AP2加入AP-Group BGL
AC(config-ap-config)#exit                    //退出
```

## 任务验证

在 AC 上使用"show ap-config summary"命令查看 AP 上线情况，如下所示。

```
AC#show ap-config summary
（省略部分内容……）

AP Name     IP Address   Mac Address   Radio Radio  Up/Off time  State
--------    ----------   ----------    -----------  -----------  ----------  -----
BGLAP840-1 192.168.99.1 5869.6c2f.dc96 1 E 0 1* 100 2 E 0 149* 100 0:04:14:40 Run
BGLAP840-2 192.168.99.2 5869.6c2f.dc7e 1 E 0 6* 100 2 E 1 153* 100 0:04:14:40 Run
```

可以看到 2 台 AP 的状态为"run"，表示 AP 已经正常工作。

## 任务 13-5    公司无线 Portal 认证的配置

微课视频

## 任务描述

本任务中，公司无线 Portal 认证的配置包括以下内容。

（1）AAA 配置：开启 AAA 功能，关闭记账功能，仅创建本地认证方案，仅对用户进行身份认证，不进行记账。

（2）用户配置：配置本地用户的用户名、密码和服务类型；用户使用创建的本地用户名及密码进行认证。

（3）认证方案配置：配置认证模板"iportal"，在认证模板中绑定认证方案及记账方案。

（4）Web 认证配置：在 WLANSec 中启用 Web 认证，配置 Web 认证使用的认证方案。

## 任务操作

### 1. AAA 配置

开启 AAA 功能，关闭记账功能，仅创建本地认证方案。

```
AC(config)#aaa new-model                              //开启 AAA 功能
AC(config)#aaa accounting network Jan16 start-stop none    //关闭记账功能
AC(config)#aaa authentication iportal Jan16 local        //创建本地认证方案
```

## 2. 用户配置

配置本地用户的用户名、密码和服务类型。

```
AC(config)#username test web-auth password Jan16@123    //创建 test 用户并配置密码为
Jan16@123
```

## 3. 认证方案配置

配置认证方案"iportal"。

```
AC(config)#web-auth template iportal          //配置内置认证方案
AC(config)#authentication Jan16               //绑定接入认证方案
AC(config)#accounting Jan16                   //绑定记账方案
AC(config.tmplt.iportal)#exit                 //退出
```

## 4. Web 认证配置

在 WLANSec 中启用 Web 认证。

```
AC(config)#wlansec 1                           //进入 WLANSec 视图
AC(config-wlansec)# web-auth portal iportal    //配置 Web 认证使用的认证方案
AC(config-wlansec)# webauth                    //开启 Web 认证
AC(config-wlansec)#exit                        //退出
```

## 任务验证

在 AC 上使用"show running-config"命令确认已完成配置，如下所示。

```
AC(config)#show running-config
（省略部分内容……）
web-auth template iportal
 page-suite default
 authentication Jan16
 accounting Jan16
!
username test web-auth password Jan16@123
!
aaa new-model
!
aaa accounting network Jan16 start-stop none
aaa authentication iportal Jan16 local
!
（省略部分内容……）
```

```
wlansec 1

 web-auth portal iportal

 webauth
```
（省略部分内容……）

# 项目验证

微课视频

（1）在 PC 上搜索无线信号"Jan16"，单击"连接"按钮，连接 SSID 成功，可以正常接入，如图 13-2 所示。

图 13-2　连接 SSID 成功

（2）在 PC 上按【Windows+X】组合键，在弹出的菜单中选择"Windows PowerShell"命令，打开"Windows PowerShell"窗口，使用"ipconfig"命令查看 IP 地址信息，如图 13-3 所示。可以看到 PC 获取了 192.168.10.0/24 网段的 IP 地址。

图 13-3　查看 IP 地址

（3）打开浏览器，在地址栏输入外网 IP 地址，弹出 Web 认证界面，如图 13-4 所示，输入用户名和密码。

图 13-4　弹出 Web 认证界面

（4）单击"登录"按钮登录，弹出成功接入网络的界面，如图 13-5 所示。

图 13-5　成功接入网络的界面

## 项目拓展

（1）Web 认证一般由（　　）提供认证界面。

　　A. Web 服务器　　　　　　　　　B. Portal 服务器

　　C. Radius 服务器　　　　　　　　D. AAA 服务器

（2）无线网络中，Web 认证主要通过（　　）信息完成身份认证。

　　A. 用户名　　　　　　　　　　　B. 密码

　　C. 用户名及密码　　　　　　　　D. 以上都不对

（3）启用 Web 认证后，未认证用户使用浏览器上网时（　　）。

　　A. 浏览器会跳转到访问公告信息界面

　　B. 会强制浏览器访问特定站点

　　C. 不能享受 Portal 服务器上的服务

　　D. 会在连接 Wi-Fi 时要求输入用户名才能连接

# 项目14
# 高可用无线网络的部署

## 项目描述

　　某公司的无线网络采用一台 AC 对全网的 AP 进行控制。但随着公司业务的发展，无线网络已承载公司部分生产业务。因此，为保证生产业务的稳定运行，公司对如何提高无线网络的可靠性十分关注，特邀请 Jan16 公司的工程师小蔡针对当前无线网络的可靠性进行优化。小蔡指出，为了避免生产业务因 AC 停机而无法开展的情况发生，需新增一台 AC 进行热备份（以下简称"热备"）部署，即当一台 AC 出现故障时，网络中的 AP 便立刻与另外一台 AC 建立隧道来进行业务数据转发，从而避免出现单点故障。为了确保不影响业务，切换时间应在毫秒级，双 AC 需采用热备负载模式。

　　另外，有员工反馈在会议室的无线网络体验较差。网络工程师通过检查会议室各 AP 运行状态，发现各 AP 接入的用户数并不均匀，个别 AP 接入的用户数超高，而有的 AP 却很少有用户接入。过多用户接入必然导致 AP 吞吐量到达瓶颈，从而导致用户体验较差。为此，网络工程师在对 AC 进行热备优化的同时，还要对会议室 AP 进行负载均衡的配置优化来最大限度地保证每台 AP 接入用户数均匀，在发挥每台 AP 性能的同时提高 AP 的使用率。

　　综上，本次项目改造具体有以下几个部分。

　　（1）为了规避单点故障风险，网络中需增加一台 AC 进行热备部署。

　　（2）对于单 AC 故障情况，为确保用户体验达到无缝切换，需采用 AC 热备技术。在热备模式下，单 AP 均与双 AC 建立隧道；在集群模式下，AP 只与当前活动 AC 建立隧道，而当 AP 检测发现活动 AC 停机时，AP 才与备用 AC 建立隧道。

　　（3）为确保各 AP 接入用户数均衡分布，可以考虑启用 AP 负载均衡组来实现。

## 项目相关知识

### 14.1　AC 热备

　　AC 的热备功能是在 AC 发生不可达（故障）时，为 AC 与 AP 之间提供毫秒级的 CAPWAP

隧道切换，确保已关联用户业务尽可能不间断。

AC 热备分为两种模式：A/S 模式和 A/A 模式。

### 1. A/S 模式

A/S 模式下，一台 AC 处于激活（Active）状态，为主设备；另一台 AC 处于待机（Standby）状态，为备份设备。主设备处理所有业务，并将业务状态信息传送到备份设备进行备份；备份设备不处理业务，只备份业务。所有 AP 与主设备建立主 CAPWAP 隧道，与备份设备建立备份 CAPWAP 隧道。两台 AC 都正常工作时，所有业务由主设备处理；主设备发生故障后，所有业务会切换到备份设备上进行处理。

### 2. A/A 模式

A/A 模式下，两台 AC 均作为主设备处理业务，同时又作为另一台设备的备份设备，备份对端的业务状态信息。假定两台 AC 分别为 AC1 和 AC2，那么在 A/A 模式下，一部分 AP 与 AC1 建立主 CAPWAP 隧道，与 AC2 建立备份 CAPWAP 隧道；同时，另一部分 AP 与 AC2 建立主 CAPWAP 隧道，与 AC1 建立备份 CAPWAP 隧道。两台 AC 都正常工作时，两台 AC 分别负责与其建立主 CAPWAP 隧道的 AP 的业务处理；其中一台 AC（假定为 AC1）出现故障后，与 AC1 建立主 CAPWAP 隧道的 AP 将业务切换到备份 CAPWAP 隧道，之后 AC2 负责处理所有 AP 的业务。

## 14.2　负载均衡

负载均衡分为基于用户数的负载均衡和基于流量的负载均衡，常用的是基于用户数的负载均衡。在无线网络中，如果有多台 AP，并且信号相互覆盖，由于无线用户接入是随机的，因此可能会出现某台 AP 负载较重、网络利用率较差的情况。将同一区域的 AP 都划到同一个负载均衡组，协同控制无线用户的接入，可以实现负载均衡。

同一个区域有多个属于同一组的 AP 发出同一个无线信号时，可以采用该方案，从而避免无线用户都接入同一台或某几台 AP，导致某些 AP 负载较重、网络利用率较差。

## 项目规划设计

### 项目拓扑

公司使用两台 AC 来建立高可用的无线网络，两台 AC 均连接到核心交换机 L3SW。公司的各台 AP 连接到接入交换机 L2SW，由接入交换机来连接核心交换机，其网络拓扑如图 14-1 所示。

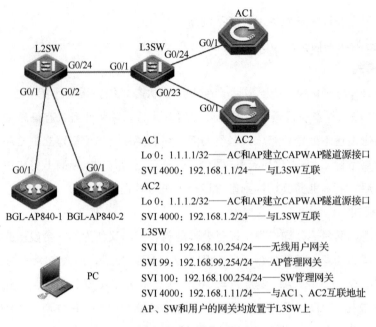

AC1
Lo 0：1.1.1.1/32——AC和AP建立CAPWAP隧道源接口
SVI 4000：192.168.1.1/24——与L3SW互联
AC2
Lo 0：1.1.1.2/32——AC和AP建立CAPWAP隧道源接口
SVI 4000：192.168.1.2/24——与L3SW互联
L3SW
SVI 10：192.168.10.254/24——无线用户网关
SVI 99：192.168.99.254/24——AP管理网关
SVI 100：192.168.100.254/24——SW管理网关
SVI 4000：192.168.1.11/24——与AC1、AC2互联地址
AP、SW和用户的网关均放置于L3SW上

图 14-1　高可用无线网络部署网络拓扑

## 项目规划

　　根据图 14-1 所示的网络拓扑进行项目的业务规划，项目 14 的 VLAN 规划、设备管理规划、端口互联规划、IP 地址规划、WLAN 规划、AP-Group 规划、AP 规划见表 14-1～表 14-7。

表 14-1　项目 14 VLAN 规划

| VLAN | VLAN 命名 | 网段 | 用途 |
| --- | --- | --- | --- |
| VLAN 10 | User-Wifi | 192.168.10.0/24 | 无线用户网段 |
| VLAN 99 | AP-Guanli | 192.168.99.0/24 | AP 管理网段 |
| VLAN 100 | SW-Guanli | 192.168.100.0/24 | L2SW 管理网段 |
| VLAN 4000 | Link--AC-vlan4000-- | 192.168.1.0/24 | L3SW 与 AC 互联网段 |

表 14-2　项目 14 设备管理规划

| 设备类型 | 型号 | 设备命名 | 用户名 | 密码 | 特权密码 |
| --- | --- | --- | --- | --- | --- |
| 无线接入点 | RG-AP840-I(V2) | BGL-AP840-1 | N/A | N/A | N/A |
| | | BGL-AP840-2 | N/A | N/A | N/A |
| 无线控制器 | WS6008 | AC1 | admin | Jan16 | Jan16 |
| | WS6008 | AC2 | admin | Jan16 | Jan16 |
| 接入交换机 | S2910 | L2SW | admin | Jan16 | Jan16 |
| 核心交换机 | S5750 | L3SW | admin | Jan16 | Jan16 |

表 14-3　项目 14 端口互联规划

| 本端设备 | 本端端口 | 端口配置 | 对端设备 | 对端端口 |
|---|---|---|---|---|
| BGL-AP840-1 | G0/1 | N/A | L2SW | G0/1 |
| BGL-AP840-2 | G0/1 | N/A | L2SW | G0/2 |
| L2SW | G0/1 | access | BGL-AP840-1 | G0/1 |
| L2SW | G0/2 | access | BGL-AP840-2 | G0/1 |
| L2SW | G0/24 | trunk | L3SW | G0/1 |
| L3SW | G0/1 | trunk | L2SW | G0/24 |
| L3SW | G0/23 | trunk | AC2 | G0/1 |
| L3SW | G0/24 | trunk | AC1 | G0/1 |
| AC1 | G0/1 | trunk | L3SW | G0/24 |
| AC2 | G0/1 | trunk | L3SW | G0/23 |

表 14-4　项目 14 IP 地址规划

| 设备 | 接口 | IP 地址 | 用途 |
|---|---|---|---|
| AC1 | Looback0 | 1.1.1.1/32 | CAPWAP |
| | VLAN 4000 | 192.168.1.1/24 | 与 L3SW 互联 |
| AC2 | Looback0 | 1.1.1.2/32 | CAPWAP |
| | VLAN 4000 | 192.168.1.2/24 | 与 L3SW 互联 |
| L3SW | VLAN 10 | 192.168.10.254/24 | 无线用户网关 |
| | | 192.168.10.1～192.168.10.253 | 通过 DHCP 分配给无线用户 |
| | VLAN 99 | 192.168.99.254/24 | AP 管理网关 |
| | | 192.168.99.1～192.168.99.253 | 通过 DHCP 分配给 AP |
| | VLAN 100 | 192.168.100.254/24 | L2SW 管理网关 |
| | VLAN 4000 | 192.168.1.11/24 | 与 AC 互联 |
| L2SW | VLAN 100 | 192.168.100.1/24 | L2SW 管理 |
| BGL-AP840-1 | VLAN 99 | DHCP | AP 管理 |
| BGL-AP840-2 | VLAN 99 | DHCP | AP 管理 |

表 14-5　项目 14 WLAN 规划

| WLAN ID | SSID | 加密方式 | 是否广播 | AP 名称 |
|---|---|---|---|---|
| 1 | Jan16 | 无 | 是 | BGL-AP840-1 |
| | | | | BGL-AP840-2 |

表 14-6　项目 14 AP-Group 规划

| AP-Group | WLAN ID | VLAN ID | 用途 |
|---|---|---|---|
| BGL | 1 | 10 | 连接 WLAN 1 的用户从 VLAN10 获取 IP 地址 |

表 14-7　项目 14 AP 规划

| AP 名称 | MAC 地址 | AP-Group | AP-radio | 频率与信道 | 功率 |
|---|---|---|---|---|---|
| BGL-AP840-1 | 5869.6c0c.1ed8 | BGL | 1 | 2.4GHz，1 | 100% |
| | | | 2 | 5GHz，149 | 100% |
| BGL-AP840-2 | 5869.6c0c.1b90 | BGL | 1 | 2.4GHz，6 | 100% |
| | | | 2 | 5GHz，153 | 100% |

## 项目实践

### 任务 14-1 高可用接入交换机的配置

微课视频

### 任务描述

本任务中，高可用接入交换机的配置包括以下内容。

（1）远程管理配置：配置远程登录和管理密码，方便后期维护时远程登录。

（2）VLAN 和 IP 地址配置：创建 VLAN，配置 VLAN 的 IP 地址。VLAN 100 的 IP 地址作为 L2SW 远程管理 IP 地址。

（3）端口配置：配置连接 AP 的端口为 Access 模式，修改默认 VLAN 为 AP VLAN，AP 接入端口时属于该 VLAN；配置连接 L3SW 的端口为 Trunk 模式，实现 VLAN 跨交换机互通。

（4）默认路由配置：配置默认路由，下一跳指向设备管理网关。

### 任务操作

#### 1. 远程管理配置

配置远程登录和管理密码。

```
Ruijie (config)#hostname L2SW                        //配置设备名称
L2SW(config)#username admin password Jan16           //创建用户名和密码
L2SW(config)#enable password Jan16                   //设置特权模式密码
L2SW(config)#line vty 0 4                             //进入虚拟终端线路 0~4
L2SW(config-line)#login local                         //采用本地用户认证
L2SW(config-line)#exit                                //退出
```

#### 2. VLAN 和 IP 地址配置

创建 VLAN，配置 VLAN 的 IP 地址。

```
L2SW (config)#vlan 99                        //创建 VLAN 99
L2SW (config-vlan)#name AP-Guanli            //VLAN 命名为 AP-Guanli
L2SW (config-vlan)#exit                      //退出
L2SW(config)#vlan 100                        //创建 VLAN 100
L2SW(config-vlan)#name SW-Guanli             //VLAN 命名为 SW-Guanli
L2SW(config-vlan)#exit                       //退出
L2SW(config)#interface vlan 100              //进入 VLAN 100
L2SW(config-if)#ip address 192.168.100.1 255.255.255.0     //配置 IP 地址
L2SW(config-if)#description link--SW-GuanLi--              //配置接口描述
```

```
L2SW(config-if)#exit                          //退出
```

### 3. 端口配置

配置连接 AP 的端口为 Access 模式，修改默认 VLAN 为 AP VLAN；配置连接 L3SW
的端口为 Trunk 模式。

```
L2SW(config)#interface range GigabitEthernet 0/1-2 //进入 G0/1 和 G0/2 端口
L2SW(config-if)#description Link--AP-- //配置端口描述
L2SW(config-if)#switch mode access       //配置端口链路模式为 Access
L2SW(config-if)#switch access vlan 99   //配置端口默认 VLAN
L2SW(config-if)#exit                      //退出
L2SW(config)#interface g0/24              //进入 G0/24 端口
L2SW(config-if)#description Link--AC-- //配置端口描述
L2SW(config-if)#switchport mode trunk  //配置端口链路模式为 Trunk
L2SW(config-if)#exit                      //退出
```

### 4. 路由配置

配置默认路由。

```
L2SW(config)#ip route 0.0.0.0 0.0.0.0 192.168.100.254 //配置默认路由
```

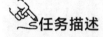任务验证

在 L2SW 上使用"show interface switchport"命令查看端口信息，如下所示。

```
L2SW(config)#show interface switchport

Interface           Switchport Mode     Access Native Protected VLAN lists
------------------- ------- ------- ----- ------ --------- -------
GigabitEthernet 0/1   enabled    ACCESS    99      1    Disabled  ALL
GigabitEthernet 0/2   enabled    ACCESS    99      1    Disabled  ALL
（省略部分内容……）
GigabitEthernet 0/24  enabled    TRUNK     1       1    Disabled  ALL
```

可以看到 G0/1、G0/2 的链路模式为"ACCESS"，并且默认 VLAN 为 VLAN 99；G0/24
的链路模式为"TRUNK"。

## 任务 14-2　高可用核心交换机的配置

微课视频

任务描述

本任务中，高可用核心交换机的配置包括以下内容。

（1）远程管理配置：配置远程登录和管理密码，以方便后期维护时远程登录。

（2）VLAN 和 IP 地址配置：创建 VLAN，配置各 VLAN 的 IP 地址。VLAN 10 的 IP 地址作为用户网关地址，VLAN 99 的 IP 地址作为 AP 管理网关地址，VLAN 100 的 IP 地址作为 L2SW 管理网关地址，VLAN 4000 的 IP 地址作为与 AC 互联 IP 地址。

（3）端口配置：配置连接接入交换机和 AC 的端口为 Trunk 模式，实现 VLAN 跨交换机互通。

（4）DHCP 服务配置：开启 DHCP 服务功能，创建 AP 和用户的 DHCP 地址池。AP 和用户接入网络后可以自动获取 IP 地址。

（5）路由配置：配置静态路由。1.1.1.1/32 的路由下一跳指向 AC，使 AP 与 AC 互通。

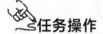任务操作

### 1. 远程管理配置

配置远程登录和管理密码。

```
Ruijie(config)#hostname L3SW                    //配置设备名称
L3SW(config)#username admin password Jan16      //创建用户名和密码
L3SW(config)#enable password Jan16              //设置特权模式密码
L3SW(config)#line vty 0 4                        //进入虚拟终端线路0~4
L3SW(config-line)#login local                   //采用本地用户认证
L3SW(config-line)#exit                           //退出
```

### 2. VLAN 和 IP 地址配置

创建 VLAN，配置各 VLAN 的 IP 地址。

```
L3SW (config)#vlan 10                            //创建 VLAN 10
L3SW (config-vlan)#name User-Wifi               //VLAN 命名为 User-Wifi
L3SW (config-vlan)#exit                          //退出
L3SW(config)#vlan 99                             //创建 VLAN 99
L3SW(config-vlan)#name AP-Guanli                //VLAN 命名为 AP-Guanli
L3SW(config-vlan)#exit                           //退出
L3SW(config)#vlan 100                            //创建 VLAN 100
L3SW(config-vlan)#name SW-Guanli                //VLAN 命名为 SW-Guanli
L3SW(config-vlan)#exit                           //退出
L3SW(config)#vlan 4000                           //创建 VLAN 4000
L3SW(config-vlan)#name Link--AC-vlan4000--      //VLAN 命名为 Link--AC-vlan4000--
L3SW(config-vlan)#exit                           //退出
L3SW(config)#interface vlan 10                   //进入 VLAN 10
```

```
L3SW(config-if-VLAN 10)#description User-Wifi //配置接口描述

L3SW(config-if-VLAN 10)#ip address 192.168.10.254  255.255.255.0
                                            //配置 IP 地址
AC(config-if-VLAN 10)#exit                  //退出

L3SW(config)#interface VLAN 99              //进入 VLAN 99

L3SW(config-if-VLAN 99)#description  AP-Guanli //配置接口描述

L3SW(config-if-VLAN 99)#ip address 192.168.99.254 255.255.255.0
                                            //配置 IP 地址
L3SW(config-if-VLAN 99)#exit                //退出

L3SW(config)#interface vlan 100             //进入 VLAN 100

L3SW(config-if-VLAN 100)#description SW-Guanli //配置接口描述

L3SW(config-if-VLAN 100)#ip address 192.168.100.254  255.255.255.0
                                            //配置 IP 地址
L3SW(config-if-VLAN 100)#exit               //退出

L3SW(config)#interface vlan 4000            //进入 VLAN 4000

L3SW(config-if-VLAN 4000)#description Link--AC-vlan4000-- //配置接口描述

L3SW(config-if-VLAN 4000)#ip address 192.168.1.11 255.255.255.0
                                            //配置 IP 地址
L3SW(config-if-VLAN 4000)#exit              //退出
```

### 3. 端口配置

配置连接接入交换机和 AC 的端口为 Trunk 模式，并配置端口放行 VLAN 列表，与 L2SW 互联的端口允许用户、AP 和交换机的 VLAN 通过，与 AC 互联的端口允许交换机和 AP 的 VLAN 通过。

```
L3SW(config)#interface GigabitEthernet 0/1     //进入 G0/1 端口

L3SW(config-if)#description Link--L2SW--        /配置端口描述

L3SW(config-if)#switchport mode trunk           //配置端口链路模式为 Trunk

L3SW(config-if)#exit                            //退出

L3SW(config)#interface range GigabitEthernet 0/23-24 //进入 G0/23-G0/24 端口

L3SW(config-if)#description Link--AC--          /配置端口描述

L3SW(config-if)#switchport mode trunk           //配置端口链路模式为 Trunk

L3SW(config-if)#exit                            //退出
```

### 4. DHCP 配置

开启 DHCP 服务功能，创建 AP 和用户的 DHCP 地址池。

**189**

```
L3SW(config)#service dhcp                              //开启 DHCP 服务
L3SW(config)#ip dhcp pool AP-Guanli                    //创建 AP 的 DHCP 地址池
L3SW(dhcp-config)#option 138 ip 1.1.1.1 1.1.1.2 //配置AP option 138 字段指向AC 的 Lo 0
L3SW(dhcp-config)#network 192.168.99.0 255.255.255.0 //配置分配的 IP 地址段
L3SW(dhcp-config)#default-router 192.168.99.254    //配置分配的网关地址
L3SW(dhcp-config)#exit                             //退出
L3SW(config)#ip dhcp pool User-Wifi                //创建 User-Wifi 的地址池
L3SW(dhcp-config)#network 192.168.10.0 255.255.255.0 //配置分配的 IP 地址段
L3SW(dhcp-config)#default-router 192.168.10.254    //配置分配的网关地址
L3SW(dhcp-config))#exit                            //退出
```

### 5. 路由配置

配置到达两台 AC 的 CAPWAP 隧道接口 Loopback 0 路由。

```
L3SW(config)#ip route 1.1.1.1 255.255.255.255 192.168.1.1 //配置指向 AC1 的 Lo 0
明细路由
L3SW(config)#ip route 1.1.1.2 255.255.255.255 192.168.1.2 //配置指向 AC2 的 Lo 0
明细路由
```

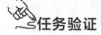 任务验证

（1）在 L3SW 上使用"show ip interface brief"命令查看 IP 信息，如下所示。

```
L3SW(config)#show ip interface brief
Interface      IP-Address(Pri)     IP-Address(Sec)     Status    Protocol
VLAN 10        192.168.10.254/24    no address          up        up
VLAN 99        192.168.99.254/24    no address          up        up
VLAN 100       192.168.100.254/24   no address          up        up
VLAN 4000      192.168.1.11/24      no address          up        up
```

可以看到 4 个 VLAN 都已配置了 IP 地址。

（2）在 L3SW 上使用"show ip dhcp binding"命令查看 IP 信息，如下所示。

```
L3SW#show ip dhcp binding


Total number of clients   : 2
Expired clients           : 0
Running clients           : 2



IP address         Hardware address          Lease expiration               Type
```

| | | | |
|---|---|---|---|
| 192.168.99.1 | 5869.6c0c.1ed8 | 000 days 23 hours 58 mins | Automatic |
| 192.168.99.2 | 5869.6c0c.1b90 | 000 days 23 hours 57 mins | Automatic |

可以看到 DHCP 已经开始工作，并为 2 台 AP 分配了 IP 地址。

## 任务 14-3　高可用 AC 的基础配置

微课视频

### 任务描述

本任务中，高可用 AC 的基础配置包括以下内容。

（1）远程管理配置：配置远程登录和管理密码，方便后期维护时远程登录。

（2）VLAN 和 IP 地址配置：创建 VLAN，配置设备的 IP 地址，AC 使用该 IP 地址与核心交换机互通，创建 Loopback0 接口，配置 IP 地址，作为 AC 的 CAPWAP 隧道地址。

（3）端口配置：配置连接交换机的端口为 Trunk 模式，实现 VLAN 跨交换机互通。

（4）路由配置：配置默认路由，下一跳指向核心交换机 L3SW（192.168.1.11）。

### 任务操作

#### 1. 远程管理配置

配置远程登录和管理密码。

```
Ruijie(config)#hostname AC1                    //配置设备名称
AC1(config)#username admin password Jan16      //创建用户名和密码
AC1(config)#enable password Jan16              //设置特权模式密码
AC1(config)#line vty 0 4                        //进入虚拟终端线路 0~4
AC1(config-line)#login local                    //采用本地用户认证
AC1(config-line)#exit                           //退出
```

#### 2. VLAN 和 IP 地址配置

创建 VLAN，配置 IP 地址。

```
AC1(config)#vlan 10                             //创建 VLAN 10
AC1(config-vlan)#name User-Wifi                 //VLAN 命名为 User-Wifi
AC1(config-vlan)#exit                           //退出
AC1(config)#vlan 4000                           //创建 VLAN 4000
AC1(config-vlan)#name Link--AC-vlan4000--        //VLAN 命名为 Link--AC-vlan4000--
AC1(config-vlan)#exit                           //退出
AC1(config)#interface loopback 0                //进入 Loopback 0 接口
```

```
AC1(config-if)#ip address 1.1.1.1 255.255.255.255          //配置 IP 地址

AC1(config-if)#description CAPWAP              //配置接口描述

AC1(config-if)#exit                           //退出

AC1(config)#interface vlan 4000               //进入 VLAN 4000

AC1(config-if-VLAN 4000)#description Link--AC-vlan4000--  //配置接口描述

AC1(config-if-VLAN 4000)#ip address 192.168.1.1 255.255.255.0 //配置 IP 地址

AC1(config-if-VLAN 4000)#exit                 //退出
```

### 3. 端口配置

配置连接交换机的端口为 Trunk 模式。

```
AC1(config)#interface GigabitEthernet 0/1  //进入 G0/1 端口

AC1(config-if)#switchport mode trunk          //配置端口链路模式为 Trunk

AC1(config-if)#description Link--L3SW--        //配置端口描述

AC1(config-if)#exit                           //退出
```

### 4. 路由配置

配置默认路由。

```
AC1(config)#ip route 0.0.0.0 0.0.0.0 192.168.1.11 //配置默认路由指向 L3SW
```

 任务验证

（1）在 AC1 上使用"show interface switchport"命令查看端口 VLAN 信息，如下所示。

```
AC1(config)#show interface switchport

Interface          Switchport Mode    Access Native Protected VLAN lists
------------------ -------- ------- ------ ------ --------- ------

GigabitEthernet 0/1   enabled   TRUNK   1    1    Disabled  ALL
```

可以看到 G0/1 的链路模式为"TRUNK"。

（2）在 AC1 上使用"show ip interface brief"命令查看 IP 信息，如下所示。

```
AC1(config)#show ip interface brief

Interface    IP-Address(Pri)      IP-Address(Sec)      Status   Protocol
Loopback 0   1.1.1.1/32           no address           up       up
VLAN 1       no address           no address           up       down
VLAN 4000    192.168.1.1/24       no address           up       up
```

可以看到 Loopback 0 和 VLAN4000 接口都已经配置了 IP 地址。

## 任务 14-4　高可用 AC 的 WLAN 配置

微课视频

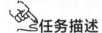任务描述

本任务中，高可用 AC 的 WLAN 配置包括以下内容。

（1）SSID 配置：通过 wlan-config 创建 SSID，创建名为 Jan16 的 Wi-Fi，供用户使用。

（2）AP-Group 配置：创建 AP-Group，并在 AP 组中关联 WLAN 和 VLAN，加入 WLAN 的用户属于所关联的 VLAN。

（3）AP 配置：修改 AP 的名称，并将 AP 加入 AP-Group，AP 释放出 AP-Group 所关联 WLAN 的 SSID。

任务操作

### 1. SSID 配置

通过 wlan-config 创建 SSID。

```
AC1(config)#wlan-config 1 Jan16        //创建 WLAN 1 的 SSID 为 Jan16
AC1(config-wlan)#exit                  //退出
```

### 2. AP-Group 配置

创建 AP-Group，并在 AP-Group 中关联 WLAN 和 VLAN。

```
AC1(config)#ap-group BGL               //创建名为 BGL 的 AP-Group
AC1(config-ap-group)#interface-mapping 1 10 //配置 WLAN 1 关联无线 VLAN 10
AC1(config-ap-group)#exit              //退出
```

### 3. AP 配置

配置 AP 名称，并将 AP 加入 AP-Group。

```
AC1(config)#ap-config 5869.6c0c.1ed8       //进入 AP1 的配置模式
AC1(config-ap-config)#ap-group BGL         //将 AP1 加入 AP-Group BGL
AC1(config-ap-config)#ap-name BGL-AP840-1  //修改 AP 名称
AC1(config-ap-config)#channel 1 radio 1    //修改 AP 的 2.4GHz 信道
AC1(config-ap-config)#channel 149 radio 2  //修改 AP 的 5GHz 信道
AC1(config-ap-config)#exit                 //退出
AC1(config)#ap-config 5869.6c0c.1b90       //进入 AP2 的配置模式
AC1(config-ap-config)#ap-group BGL         //将 AP2 加入 AP-Group BGL
AC1(config-ap-config)#ap-name BGL-AP840-2  //修改 AP 名称
```

```
AC1(config-ap-config)#channel 6 radio 1          //修改 AP 的 2.4GHz 信道
AC1(config-ap-config)#channel 153 radio 2        //修改 AP 的 5GHz 信道
AC1(config-ap-config)#exit                        //退出
```

### 任务验证

在 AC1 上使用 "show ap-config summary" 命令查看 AP 信息，如下所示。

```
AC1(config)#show ap-config summary

（省略部分内容……）

AP Name         IP Address    Mac Address    Radio        Radio         Up/Off time  State
--------------- ------------  -------------  -----------  ------------  ----------  ------------  ------
5869.6c0c.1ed8  192.168.99.1  5869.6c0c.1ed8  1 E 0 100 1*  2 E 0 100 149* 00:01:05       Run
5869.6c0c.1b90  192.168.99.2  5869.6c0c.1b90  1 E 0 100 1*  2 E 0 100 153* 00:01:08       Run
```

可以看到 2 台 AP 的状态为 "Run"，表示 AP 已经正常工作。

## 任务 14-5　高可用备用 AC 的配置

微课视频

### 任务描述

本任务中，高可用备用 AC 的配置与主 AC 基本一致，包括以下内容。

（1）远程管理配置：配置远程登录和管理密码，以方便后期维护时远程登录。

（2）VLAN 和 IP 地址配置：创建 VLAN，配置设备的 IP 地址，AC 使用该 IP 地址与核心交换机互通，创建 Loopback 0 接口，配置 IP 地址，作为 AC 的 CAPWAP 隧道地址。

（3）端口配置：配置连接交换机的端口为 Trunk 模式，实现 VLAN 跨交换机互通。

（4）路由配置：配置默认路由，下一跳指向核心交换机 L3SW（192.168.1.11）。

（5）SSID 配置：通过 wlan-config 创建 SSID，创建名为 Jan16 的 Wi-Fi，供用户使用。

（6）AP-Group 配置：创建 AP-Group，并在 AP-Group 中关联 WLAN 和 VLAN，加入 WLAN 的用户属于所关联的 VLAN。

（7）AP 配置：修改 AP 的名称，并将 AP 加入 AP-Group，AP 释放出 AP-Group 所关联 WLAN 的 SSID。

### 任务操作

#### 1. 远程管理配置

配置远程登录和管理密码。

```
Ruijie(config)#hostname AC2                    //配置设备名称

AC2(config)#username admin password Jan16      //创建用户名和密码

AC2(config)#enable password Jan16              //设置特权模式密码

AC2(config)#line vty 0 4                        //进入虚拟终端线路 0～4

AC2(config-line)#login local                    //采用本地用户认证

AC2(config-line)#exit                           //退出
```

### 2. VLAN 和 IP 地址配置

创建 VLAN，配置 IP 地址。

```
AC2(config)#vlan 10                            //创建 VLAN 10

AC2(config-vlan)#name User-Wifi                //VLAN 命名为 User-Wifi

AC2(config-vlan)#exit                          //退出

AC2(config)#vlan 4000                          //创建 VLAN 4000

AC2(config-vlan)#name Link--AC-vlan4000--      //VLAN 命名为 Link--AC-vlan4000--

AC2(config-vlan)#exit                          //退出

AC2(config)#interface loopback 0               //进入 Loopback 0 接口

AC2(config-if)#ip address 1.1.1.2 255.255.255.255 //配置 IP 地址

AC2(config-if)#description CAPWAP              //配置接口描述

AC2(config-if)#exit                            //退出

AC2(config)#interface vlan 4000                //进入 VLAN 4000

AC2(config-if-VLAN 4000)#description Link--AC-vlan 4000--  //配置接口描述

AC2(config-if-VLAN 4000)#ip address 192.168.1.2 255.255.255.0 //配置 IP 地址

AC2(config-if-VLAN 4000)#exit                  //退出
```

### 3. 端口配置

配置连接交换机的端口为 Trunk 模式，实现 VLAN 跨交换机互通。

```
AC2(config)#interface GigabitEthernet 0/1      //进入 G0/1 端口

AC2(config-if)#switchport mode trunk           //配置端口链路模式为 Trunk

AC2(config-if)#description Link--L3SW--         //配置端口描述

AC2(config-if)#exit                            //退出
```

### 4. 路由配置

配置路由。

```
AC2(config)#ip route 0.0.0.0 0.0.0.0 192.168.1.11 //配置默认路由指向 L3SW

AC2(config)#ip route 1.1.1.1 255.255.255.255 192.168.1.1 //配置指向 AC2 的 Lo 0
明细路由
```

### 5. SSID 配置

通过 wlan-config 创建 SSID。

```
AC2(config)#wlan-config 1 Jan16          //创建 WLAN 1 的 SSID 为 Jan16
AC2(config-wlan)#exit                     //退出
```

### 6. AP-Group 配置

创建 AP-Group，并在 AP-Group 中关联 WLAN 和 VLAN。

```
AC2(config)#ap-group BGL                              //创建名为 BGL 的 AP-Group
AC2(config-ap-group)#interface-mapping 1 10 //配置 WLAN 1 关联无线 VLAN 10
AC2(config-ap-group)#exit                            //退出
```

### 7. AP 配置

配置 AP 名称，并将 AP 加入 AP-Group。

```
AC2(config)#ap-config 5869.6c0c.1ed8       //进入 AP1 的配置模式
AC2(config-ap-config)#ap-group BGL          //将 AP1 加入 AP-Group BGL
AC2(config-ap-config)#ap-name BGL-AP840-1 //修改 AP 名称
AC2(config-ap-config)#channel 1 radio 1     //修改 AP 的 2.4GHz 信道
AC2(config-ap-config)#channel 149 radio 2   //修改 AP 的 5GHz 信道
AC2(config-ap-config)#exit                   //退出
AC2(config)#ap-config 5869.6c0c.1b90       //进入 AP2 的配置模式
AC2(config-ap-config)#ap-group BGL          //将 AP2 加入 AP-Group BGL
AC2(config-ap-config)#ap-name BGL-AP840-2 //修改 AP 名称
AC2(config-ap-config)#channel 6 radio 1     //修改 AP 的 2.4GHz 信道
AC2(config-ap-config)#channel 153 radio 2   //修改 AP 的 5GHz 信道
AC2(config-ap-config)#exit                   //退出
```

### 任务验证

在 AC2 上使用"show ap-config running"命令查看 AP 配置信息，如下所示。

```
AC2(config)#show ap-config running


Building configuration...

Current configuration: 290 bytes


!

ap-config BGL-AP840-1

 ap-mac 5869.6c0c.1ed8
```

```
 ap-group BGL
 channel 1 radio 1
 channel 149 radio 2
!
ap-config BGL-AP840-2
 ap-mac 5869.6c0c.1b90
 ap-group BGL
 channel 6 radio 1
 channel 153 radio 2
!!!!!
```

可以看到所有的配置均已生效。

## 任务 14-6　高可用 AC 热备的配置

微课视频

### 任务描述

本任务中，高可用 AC 热备的配置包括以下内容。

（1）AC1 热备配置：在 AC1 上配置热备功能，包括对端设备 IP 地址，配置备份实例和优先级，并将 AP-Group BGL 加入备份实例，最后启用热备功能。

（2）AC2 热备配置：在 AC2 上配置热备功能，包括对端设备 IP 地址，配置备份实例和优先级，并将 AP-Group BGL 加入备份实例，最后启用热备功能。

### 任务操作

#### 1. AC1 热备配置

在 AC1 上配置热备功能。

```
AC1(config)#wlan hot-backup 1.1.1.2          //配置热备对端设备 IP 地址
AC1(config-hotbackup)#context 10             //配置热备实例
AC1(config-hotbackup-ctx)#priority level 6 //配置 AC1 热备实例优先级，数字越大优先级越高
AC1(config-hotbackup-ctx)#ap-group BGL       //将 BGL 加入热备实例
AC1(config-hotbackup-ctx)#exit               //退出
AC1(config-hotbackup)#wlan hot-backup enable //启用热备功能
AC1(config-hotbackup)#exit                   //退出
```

#### 2. AC2 热备配置

在 AC2 上配置热备功能。

```
AC2(config)#wlan hot-backup 1.1.1.1              //配置热备对端设备 IP 地址

AC2(config-hotbackup)#context 10                 //配置热备实例

AC2(config-hotbackup-ctx)#priority level 6 //配置 AC1 热备实例优先级，数字越大优先级越高

AC2(config-hotbackup-ctx)#ap-group BGL           //将 BGL 加入热备实例

AC2(config-hotbackup-ctx)#exit                   //退出

AC2(config-hotbackup)#wlan hot-backup enable //启用热备功能

AC2(config-hotbackup)#exit                       //退出
```

## 任务验证

（1）在 AC1 上使用 "show wlan hot-backup 1.1.1.2" 命令查看热备配置信息，如下
所示。

```
AC1(config)#show wlan hot-backup 1.1.1.2
wlan hot-backup 1.1.1.2
  hot-backup    : Enable
  connect state : CHANNEL_UP
  hello-interval : 1000
  kplv-pkt      : ip
  work-mode     : NORMAL
  !
  context 10
    hot-backup role      : PAIR-ACTIVE
    hot-backup rdnd state : REALTIME-SYN
    hot-backup priority   : 6
```

可以看到，connect state 为 "CHANNEL_UP"，表示热备已经生效；context 10 中
hot-backup role 为 "PAIR-ACTIVE"，表示 AC1 的实例 10 在热备中处于激活状态。

（2）在 AC2 上使用 "show wlan hot-backup 1.1.1.1" 命令查看热备配置信息，如下
所示。

```
AC2(config)#show wlan hot-backup 1.1.1.1
wlan hot-backup 1.1.1.1
  hot-backup    : Enable
  connect state : CHANNEL_UP
  hello-interval : 1000
  kplv-pkt      : ip
```

```
work-mode       : NORMAL
!
context 10
  hot-backup role        : PAIR-STANDBY
  hot-backup rdnd state  : REALTIME-SYN
  hot-backup priority    : 5
```

可以看到，connect state 为 "CHANNEL_UP"，表示热备已经生效；context 10 中 hot-backup role 为 "PAIR-STANDBY"，表示 AC2 的实例 10 在热备中处于待机状态。

（3）在 AC2 上使用 "show ap-config summary" 命令查看 AP 信息，如下所示。

```
AC2(config)#show ap-config summary
（省略部分内容……）

AP Name        IP Address    Mac Address   Radio       Radio        Up/Off time State
-----------    -----------   -----------   -----------  -------------  ------------ ----
5869.6c0c.1ed8 192.168.99.1  5869.6c0c.1ed8 1 E 0 100 1*   2 E 0 100 149* 00:01:05  Run
5869.6c0c.1b90 192.168.99.2  5869.6c0c.1b90 1 E 0 100 1*   2 E 0 100 153* 00:01:08  Run
```

可以看到 2 台 AP 的状态为 "Run"，表示 AC2 也已收到两台 AP 的注册信息。

## 任务 14-7　高可用 AP 负载均衡功能的配置

微课视频

### 任务描述

本任务中，高可用 AP 负载均衡功能的配置包括以下内容。

（1）AC1 负载均衡配置：在 AC1 上创建负载均衡组，设置负载均衡阈值，并将 AP 加入负载均衡组，完成 AP 负载均衡功能的配置。

（2）AC2 负载均衡配置：在 AC2 上创建负载均衡组，设置负载均衡阈值，并将 AP 加入负载均衡组，完成 AP 负载均衡功能的配置。

### 任务操作

#### 1. AC1 负载均衡配置

在 AC1 上创建负载均衡组，设置负载均衡阈值，将 AP 加入负载均衡组。

```
AC1(config)#ac-controller   //进入 AC 控制模式
AC1(config-ac)#num-balance-group create test   //创建负载均衡组
AC1(config-ac)#num-balance-group num test 1 //设置负载均衡阈值，AP 间用户数相差
```

1时，较多用户的AP不响应用户接入请求

```
AC1(config-ac)#num-balance-group add test BGL-AP840-1 //将BGL-AP840-1加入
AP负载均衡组

AC1(config-ac)#num-balance-group add test BGL-AP840-2 //将BGL-AP840-2加入
AP负载均衡组

AC1(config-ac)#exit                              //退出
```

### 2. AC2负载均衡配置

在AC2上创建负载均衡组，设置负载均衡阈值，将AP加入负载均衡组。

```
AC2(config)#ac-controller   //进入AC控制模式

AC2(config-ac)#num-balance-group create test    //创建负载均衡组

AC2(config-ac)#num-balance-group num test 1      //设置负载均衡阈值，AP间用户
数相差1时，较多用户的AP不响应用户接入请求

AC2(config-ac)#num-balance-group add test BGL-AP840-1 //将BGL-AP840-1加
入AP负载均衡组

AC2(config-ac)#num-balance-group add test BGL-AP840-2 //将BGL-AP840-2加
入AP负载均衡组

AC2(config-ac)#exit                              //退出
```

## 任务验证

在AC1上使用"show ac-config num-balance summary"命令确认负载均衡组状态，如下所示。

```
AC1(config)#show ac-config num-balance summary
Group     State    Enable   Threshold  mode      AP NAME
------    ------   ------   --------   ----------  --------------------
test       UP        3        1        ap-mode    BGL-AP840-1,BGL-AP840-2
```

可以看到负载均衡组已经创建，负载均衡模式阈值为1，AP1和AP2均已加入负载均衡组。

## 项目验证

使用6台PC搜索SSID并进行关联，关联后在AC1上使用"show ac-config client"命令查看无线用户信息，如下所示。

微课视频

```
AC#show ac-config client

======= show sta status =======

AP    :ap name/radio id

Status :Speed/Power Save/Work Mode/Roaming State, E = enable power save, D = disable power save

Total Sta Num : 6

STA MAC         IPV4 Address  AP             Wlan  Vlan  Status        Asso Auth  Net Auth  Up time

--------------  ------------  -------------  ----  ----  -----------   ---------  --------  ----------

0811.966e.1af8  192.168.10.4  BGL-AP840-2/1  1     10    144.5M/D/bgn  OPEN       OPEN      0:00:01:53

400e.855e.f08a  192.168.10.1  BGL-AP840-1/2  1     10    72.5M/D/an    OPEN       OPEN      0:00:02:05

50b7.c3d1.1044  192.168.10.3  BGL-AP840-2/1  1     10    72.5M/D/bgn   OPEN       OPEN      0:00:01:49

60d8.19d1.7fc5  192.168.10.6  BGL-AP840-1/1  1     10    72.5M/D/bgn   OPEN       OPEN      0:00:00:56

60d9.c771.7aae  192.168.10.5  BGL-AP840-1/2  1     10    72.5M/E/an    OPEN       OPEN      0:00:01:13

d855.a3d3.e37a  192.168.10.2  BGL-AP840-2/1  1     10    65.0M/E/bgn   OPEN       OPEN      0:00:01:55
```

可以看到 6 台 PC 中，只有 3 台 PC 关联到了 AP1（其他的 PC 关联到了 AP2）。

# 项目拓展

（1）配置 AC 热备时需要保证两台 AC 之间（　　　）的配置完全一致。

    A. wlan-config　　　　　　　　B. ap-group

    C. ap-config　　　　　　　　　 D. IP

（2）关于 AC 热备配置要点，下面说法正确的是（　　　）。

    A. 开启备份功能

    B. 配置备份地址和优先级

    C. 配置主备通道 IP 地址和端口号

    D. 将 WLAN 业务/NAC 业务绑定到 HSB 主备服务

（3）AC 开启热备功能需要使用（　　　）端口。

    A. TCP 6425　　　　　　　　　 B. TCP 6435

    C. UDP 7425　　　　　　　　　 D. UDP 7435

# 项目15
# 无线网络的优化测试

## 项目描述

Jan16 公司的无线网络投入使用一段时间后，网络工程师小蔡接到了网络优化的任务。公司员工反馈近期出现了比较多的问题，包括无线上网频繁掉线、访问速度慢、信号干扰严重等，极大影响了无线网络用户的上网体验。公司希望能够对全网做一次网络优化。

扩展知识

根据需求进行全网网络优化以改善无线网络体验。无线网络优化需考虑以下关键因素。

（1）调整信道，防止同频干扰。

（2）调整功率，减少覆盖重叠区域。

（3）限制低速率、低功率终端接入，防止个别低速率、低功率终端影响全网用户体验。

（4）对用户限速，防止部分用户或应用程序使用大流量下载造成资源分配不均。

（5）配置无线频谱导航，终端接入无线网络时优先连接到 5GHz 频段。

（6）限制 AP 单机接入数，防止单 AP 关联过多用户。

## 项目相关知识

无线网络优化主要是指通过调整各种无线网络工程设计参数和无线资源参数，以满足系统现阶段对各种无线网络指标的要求。优化调整过程往往是周期性过程，因为系统对无线网络的要求总在不断变化。

### 15.1 同频干扰

WLAN 采用带冲突避免的载波感应多路访问（Carrier Sense Multiple Access with Collision Avoidance，CSMA/CA）的工作方式，并且以半双工的方式进行通信，同一时间同一个区域内只能有一个设备发送数据报。AP 之间的同频干扰会导致双方都进行退避，各损失一部分流量，但总流量基本不变。可以这样认为，同一个区域里的总流量为 1，那么 1 台 AP 满负荷发送数据报可以达到接近 1 的流量，2～8 台 AP 满负荷发送数据报同样可以达到接近 1 的流量。理论上讲，2.4GHz 频段有 1、6、11 这 3 个互不干扰的信道，在部署多台 AP 时，可以将相邻的两台 AP 调整为不同的信道，这样可以在很大程度上避免同频干扰。

## 15.2 低速率和低功率

低速率是指终端本身的无线传输速率较低，而低功率是指终端本身的传输速率较高，但因为终端距离 AP 较远，导致无线传输的功率较低。

在 CSMA/CA 的工作方式下，一台 AP 只能与一个终端进行数据传输。当 AP 与低功率或者低速率的用户传输数据时，只有等数据传输完成后才会开始下一段传输。因此，在一个无线网络中，低速率终端和低功率终端会影响整个网络的传输。

基础速率集（Basic-Rate）是指 STA 成功关联 AP 时，AP 和 STA 都必须支持的速率集。只有 AP 和 STA 都支持基础速率集中的所有传输速率，STA 才能成功关联 AP。例如配置基础速率集为 6Mbit/s 和 9Mbit/s，配置下发到 AP 后，只有能同时支持 6Mbit/s 和 9Mbit/s 传输速率的 STA 才能成功关联此 AP。

支持速率集（Supported-Rate）是在基础速率集的基础上 AP 所能支持的更多的速率的集合，目的是让 AP 和 STA 之间能够支持更多的数据传输速率。AP 和 STA 之间的实际数据传输速率是在支持速率集和基础速率集中选取的。

若 STA 不支持支持速率集，只支持基础速率集，也能够成功关联 AP，但此时 AP 和 STA 之间的实际数据传输速率只会从基础速率集中选取。例如配置基础速率集为 6Mbit/s 和 9Mbit/s，支持速率集为 48Mbit/s 和 54Mbit/s。配置下发到 AP 后，同时支持 6Mbit/s 和 9Mbit/s 传输速率的 STA 能够成功关联此 AP，AP 和 STA 之间的实际数据传输速率从 6Mbit/s 和 9Mbit/s 中选取；如果 STA 支持 6Mbit/s、9Mbit/s 和 54Mbit/s 传输速率，成功关联此 AP 后，AP 和 STA 之间的实际数据传输速率从 6Mbit/s、9Mbit/s 和 54Mbit/s 中选取。

## 15.3 频谱导航

现在的应用中，大多数终端同时支持 2.4GHz 和 5GHz 频段。某些终端通过 AP 接入网络时默认选择 2.4GHz 频段接入。这就导致信道本身就少的 2.4GHz 频段显得更加拥挤、负载高、干扰大，而信道多、干扰小的 5GHz 频段的优势得不到发挥。特别是在高用户密度或者 2.4GHz 频段同频干扰较为严重的环境中，5GHz 频段可以提供更好的接入能力，减少干扰对用户上网的影响。如果用户想要接入 5GHz 频段，则需要在终端上手动选择。

通过频谱导航功能，AP 可以控制终端优先接入 5GHz 频段，减少 2.4GHz 频段上的负载和干扰，提升用户体验。

## 15.4　单机接入数

当单机接入数过多时，假如 1 台 AP 传输速率只有 100Mbit/s 时，有 50 名用户接入，则每名用户平均只剩下 2Mbit/s 的传输速率。再加上 CSMA/CA 工作方式是先检测，有冲突则回避，过多的用户接入可能造成过多回避，导致带宽浪费。

 **项目规划设计**

### 项目拓扑

本项目主要基于项目 13 进行网络优化，其网络拓扑如图 15-1 所示。

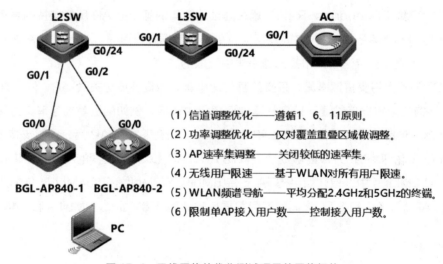

（1）信道调整优化——遵循1、6、11原则。
（2）功率调整优化——仅对覆盖重叠区域做调整。
（3）AP速率集调整——关闭较低的速率集。
（4）无线用户限速——基于WLAN对所有用户限速。
（5）WLAN频谱导航——平均分配2.4GHz和5GHz的终端。
（6）限制单AP接入用户数——控制接入用户数。

图 15-1　无线网络的优化测试项目的网络拓扑

### 项目规划

根据图 15-1 所示的网络拓扑和项目描述进行项目的业务规划，项目 15 的 WLAN 规划、AP 规划见表 15-1 和表 15-2。

表 15-1　项目 15 WLAN 规划

| WLAN ID | 选项 | 参数 |
|---|---|---|
| 1 | SSID | Jan16 |
| | 加密方式 | 无 |
| | 是否广播 | 是 |
| | 限速方式 | 基于用户 |
| | 上行保障速率 | 1000kbit/s |
| | 上行最高速率 | 2000kbit/s |
| | 下行保障速率 | 1000kbit/s |
| | 下行最高速率 | 2000kbit/s |
| | 频谱导航 | 启用 |

表 15-2　项目 15 AP 规划

| AP 名称 | 2.4GHz 信道 | 5GHz 信道 | 2.4GHz 功率 | 5GHz 功率 | 2.4GHz 接入 用户数 | 5GHz 接入 用户数 |
|---|---|---|---|---|---|---|
| BGL-AP840-1 | 1 | 149 | 50% | 50% | 1 | 1 |
| BGL-AP840-2 | 6 | 153 | 10% | 10% | 1 | 1 |

##  项目实践

### 任务 15-1　AP 信道的调整优化

微课视频

#### 任务描述

AP 信道的调整优化包括关闭信道自动调优功能、手动调整 AP 信道。

#### 任务操作

**1. 关闭信道自动调优功能**

关闭 2.4GHz 和 5GHz 信道自动调优功能。

```
AC(config)# advanced 802.11a channel global off //关闭 5GHz 信道自动调优功能
AC(config)# advanced 802.11b channel global off //关闭 2.4GHz 信道自动调优功能
```

**2. 手动调整 AP 信道**

进入 AP 配置模式并手动调整各射频卡的信道。

```
AC(config)# ap-config BGL-AP840-1          //进入 AP1 的配置模式
AC(config-ap-config)# channel 1 radio 1    //修改 AP 的 2.4GHz 信道
```

```
AC(config-ap-config)# channel 149 radio 2        //修改 AP 的 5GHz 信道
AC(config-ap-config)# exit                        //退出
AC(config)# ap-config BGL-AP840-2                 //进入 AP2 的配置模式
AC(config-ap-config)# channel 6 radio 1           //修改 AP 的 2.4GHz 信道
AC(config-ap-config)# channel 153 radio 2         //修改 AP 的 5GHz 信道
AC(config-ap-config)#exit                         //退出
```

### 任务验证

（1）在 AC 上使用"show advanced 802.11b summary"命令查看信道情况，如下所示。

```
AC(config)#show advanced 802.11b summary
AP Name            MAC Address      Slot ID Channel Power Level
----------------   --------------   ------- ------- ------------
BGL-AP840-1        5869.6c2f.dc7e      1       1         1
BGL-AP840-2        5869.6c2f.dc96      1       6         1
```

可以看到 AP 的信道已手动调整为 1、6。

（2）在 AC 上使用"show advanced 802.11a summary"命令查看信道情况，如下所示。

```
AC(config)#show advanced 802.11a summary
AP Name            MAC Address      Slot ID Channel Power Level
----------------   --------------   ------- ------- ------------
BGL-AP840-1        5869.6c2f.dc7e      2      149        1
BGL-AP840-2        5869.6c2f.dc96      2      153        1
```

可以看到 AP 的信道已手动调整为 149、153。

## 任务 15-2  AP 功率的调整优化

微课视频

### 任务描述

AP 功率的调整优化包括关闭功率自动调优功能、手动配置 AP 功率。

### 任务操作

**1. 关闭功率自动调优功能**

关闭 2.4GHz 和 5GHz 功率自动调优功能。

```
AC1(config)# advanced 802.11a txpower dtpc disable //关闭 5GHz 功率自动调优

AC1(config)# advanced 802.11b txpower dtpc disable //关闭 2.4GHz 功率自动调优
```

### 2. 手动配置 AP 功率

为 AP 配置射频卡的功率。

```
AC1(config)# ap-config BGL-AP840-1               //进入 AP1 的配置模式

AC1(config-ap-config)# power local 50 radio 1    //修改 AP 的 2.4GHz 功率

AC1(config-ap-config)# power local 50 radio 2    //修改 AP 的 5GHz 功率

AC1(config-ap-config)# exit                      //退出

AC1(config)# ap-config BGL-AP840-2               //进入 AP2 的配置模式

AC1(config-ap-config)# power local 10 radio 1    //修改 AP 的 2.4GHz 功率

AC1(config-ap-config)# power local 10 radio 2    //修改 AP 的 5GHz 功率

AC1(config-ap-config)#exit                       //退出
```

### 任务验证

在 AC 上使用 "show ap-config summary" 命令查看 AP 功率情况，如下所示。

```
AC1(config)#show ap-config summary

(省略部分内容……)

AP Name        IP Address     Mac Address    Radio      Radio         Up/Off time  State
-------------  -----------    ----------     ---------- ------------  ------------  ------

5869.6c0c.1ed8 192.168.99.1  5869.6c0c.1ed8  1 E 0 1 50   2 E 0 149 50   00:01:05   Run

5869.6c0c.1b90 192.168.99.2  5869.6c0c.1b90  1 E 0 6 10   2 E 0 153 10   00:01:08   Run
```

可以看到 AP1 的功率已调整为 50%，AP2 的功率已调整为 10%。

## 任务 15-3　AP 速率集的调整

微课视频

### 任务描述

在 AC 上关闭低速率集，完成无线 AC 的速率集的调整。防止个别低速率、低功率终端影响全网用户体验。

### 任务操作

进入 AC 控制模式，并禁用相应的低速率集。

```
AC1(config)# ac-controller                       //进入 AC 控制模式

AC1(config-ac)# 802.11b network rate 1 disabled //禁用 802.11b 的 1Mbit/s 速率
```

```
AC1(config-ac)# 802.11b network rate 2 disabled //禁用802.11b的2Mbit/s速率

AC1(config-ac)# 802.11b network rate 5 disabled //禁用802.11b的5.5Mbit/s速率

AC1(config-ac)# 802.11g network rate 1 disabled //禁用802.11g的1Mbit/s速率

AC1(config-ac)# 802.11g network rate 2 disabled //禁用802.11g的2Mbit/s速率

AC1(config-ac)# 802.11g network rate 5 disabled //禁用802.11g的5.5Mbit/s速率

AC1(config-ac)# 802.11a network rate 6 disabled //禁用802.11a的6Mbit/s速率

AC1(config-ac)# 802.11a network rate 9 disabled //禁用802.11a的9Mbit/s速率
```

## 任务验证

在 AC 上使用"show wopt"命令查看速率集信息，如下所示。

```
AC(config)#show wopt


Low rate status:
 802.11b rate:

    1 Mbps: Disable

    2 Mbps: Disable

  5.5 Mbps: Disable

   11 Mbps: Enable

 802.11g rate:

    1 Mbps: Disable

    2 Mbps: Disable

  5.5 Mbps: Disable

    6 Mbps: Enable

    9 Mbps: Enable

   11 Mbps: Enable

-----> Suggest to disable low-rate of 11g rate

 802.11a rate:

    6 Mbps: Disable

    9 Mbps: Disable
（省略部分内容……）
```

可以看到相应的低速率集状态已变为"Disable"。

微课视频

## 任务 15-4　基于无线用户限速的配置

### 任务描述

基于无线用户限速的配置需要进入 WLAN 配置模式并对用户进行限速，以防止部分用户或应用程序使用大流量下载造成资源分配不均。

### 任务操作

进入 WLAN 配置模式并对用户进行限速。

```
AC1(config)#wlan-config 1   //进入 WLAN 配置模式
AC1(config-wlan)#wlan-based per-user-limit down-streams average-data-rate
1000 burst-data-rate 2000     //限定每名用户最大下行速率为 2000 kbit/s
AC1(config-wlan)#wlan-based per-user-limit up-streams average-data-rate
1000 burst-data-rate 2000      //限定每名用户最大上行速率为 2000 kbit/s
```

### 任务验证

在 AC 上使用 "show dot11 ratelimit wlan" 命令查看 AP 限速情况，如下所示。

```
AC(config)#show dot11 ratelimit wlan
Wlan Id TT_up-a-rt TT_up-b-rt TT_dw-a-rt TT_dw-b-rt PU-up-a-rt PU-up-b-rt
PU-dw-a-rt PU-dw-b-rt PA_up-a-rt PA_up-b-rt PA_dw-a-rt PA_dw-b-rt
------- ---------- ---------- ---------- ---------- ---------- ----------
---------- ---------- ---------- ---------- ---------- ----------
  1      0          0          0          0          1000       2000
1000     2000       0          0          0          0    ……
```

可以看到，上行速率和下行速率限制均为 2000kbit/s。

微课视频

## 任务 15-5　WLAN 频谱导航的配置

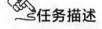
### 任务描述

通过 WLAN 配置进行 WLAN 频谱导航的配置，使终端接入无线网络时优先连接到 5GHz 频段。

### 任务操作

进入 WLAN 配置模式，启用频谱导航功能。

```
AC(config)#wlan-config 1                    //进入 WLAN 配置模式
AC(config-wlan)#band-select enable          //启用频谱导航功能
AC(config-wlan)#exit                        //退出
```

### 任务验证

在 AC 上使用"show wlan-config cb 1"命令查看 WLAN 配置，如下所示。

```
AC(config)#show wlan-config cb 1
WLAN ID.................................... 1
SSID....................................... Jan16
Profile....................................
MAC Mode................................... Local
Tunnel Mode................................ 802.3 Tunnel
Suppress SSID.............................. Disable
Sta-limit.................................. 0
NAS ID.....................................
Band Select................................ Enable
SSID Code..................................
```

可以看到频谱导航功能已经开启。

## 任务 15-6    限制单 AP 接入用户数的配置

微课视频

### 任务描述

进入 AP 配置模式，配置 AP 接入用户数，防止单 AP 关联过多用户。

### 任务操作

分别进入 AP1 和 AP2 配置模式，配置全局和射频卡的接入用户数。

```
AC1(config)# ap-config BGL-AP840-1              //进入 AP1 的配置模式
AC1(config-ap-config)# sta-limit 2              //配置全局最大接入用户数为 2
AC1(config-ap-config)# sta-limit 1 radio 1      //配置 2.4GHz 的接入用户数为 1
AC1(config-ap-config)# sta-limit 1 radio 2      //配置 5GHz 的接入用户数为 1
```

```
AC1(config-ap-config)#exit                        //退出
AC1(config)# ap-config BGL-AP840-2                //进入 AP2 的配置模式
AC1(config-ap-config)# sta-limit 2                //配置全局最大接入用户数为 2
AC1(config-ap-config)# sta-limit 1 radio 1        //配置 2.4GHz 的接入用户数为 1
AC1(config-ap-config)# sta-limit 1 radio 2        //配置 5GHz 的接入用户数为 1
AC1(config-ap-config)#exit                        //退出
```

任务验证

在 AC 上使用"show ap-config cb BGL-AP840-1"命令查看 AP1 的配置,如下所示。

```
AC(config)#show ap-config cb BGL-AP840-1


Configuration:

ap name             :BGL-AP840-1

ap fallback        :Enable

group name         :BGL

Ap_cover_area      :1

Reload Time        :Disable


Status:

client timeout timer:300

statistisc time    :120

AP priority        :1

AP IP              :192.168.99.1

Mac Address        :5869.6c2f.dc7e

State              :Run

WTP Name           :BGL-AP840-1

STA Limit          :2

STA Num            :0

Radio Num          :2
```
(省略部分内容……)

可以看到 STA Limit 为"2"。

微课视频

## 项目验证

　　使用多台设备连接 AP，可以看到接入用户数达到阈值 2 后用户无法接入，如图 15-2 所示。

图 15-2　达到阈值后用户无法接入

## 项目拓展

　　（1）下列命令中用于关闭信道自动调优功能的是（　　　）。（多选）

　　　　A．Ruijie(config)# advanced 802.11a channel global off

　　　　B．Ruijie(config)# advanced 802.11b channel global off

　　　　C．Ruijie(config)# advanced 802.11b channel global disable

　　　　D．Ruijie(config)# advanced 802.11a channel global disable

　　（2）在配置"power local 100 radio 1"时，检测到信号强度为-38dBm，当配置"power local 50 radio 1"时，信号强度应该为（　　　）。

　　　　A．-19dBm　　　　B．-35dBm　　　　C．-41dBm　　　　D．-76dBm

　　（3）AP1 在配置"sta-limit 1 radio 1"后，接入用户数最大应为（　　　）。

　　　　A．1　　　　　　　B．2　　　　　　　C．10　　　　　　　D．不确定

　　（4）下列规避干扰的方法正确的是（　　　）。（多选）

　　　　A．将 AP 的功率调到最大　　　　　B．合理的信道规划

　　　　C．合理的站址选择　　　　　　　　D．多使用 5GHz 频段

　　　　E．合理的天线技术选择